Punkten in 100 Millisekunden

Imme Vogelsang · Eva Barth-Gillhaus

Punkten in 100 Millisekunden

Ihr Wegweiser für einen
starken Auftritt

2., überarbeitete und erweiterte
Auflage

Unter Mitarbeit von Laura Fölmer

 Springer

Imme Vogelsang
Hamburg, Deutschland

Eva Barth-Gillhaus
Meerbusch, Deutschland

ISBN 978-3-658-21886-7   ISBN 978-3-658-21887-4   (eBook)
https://doi.org/10.1007/978-3-658-21887-4

Die Deutsche Nationalbibliothek verzeichnet diese Publikation in der Deutschen
Nationalbibliografie; detaillierte bibliografische Daten sind im Internet über http://
dnb.d-nb.de abrufbar.

Die erste Auflage erschien 2017 bei Springer Gabler unter dem Titel: Erfolgsfaktor
Image – Punkten in 100 Millisekunden.

Abbildungen: © Jan Rieckhoff, www.illuRieckhoff.de
Titelbild: Jan Rieckhoff, www.illuRieckhoff.de

Gedruckt auf säurefreiem und chlorfrei gebleichtem Papier

Springer ist ein Imprint der eingetragenen Gesellschaft Springer Fachmedien
Wiesbaden GmbH und ist ein Teil von Springer Nature
Die Anschrift der Gesellschaft ist: Abraham-Lincoln-Str. 46, 65189 Wiesbaden,
Germany

Grußwort

„Sie haben so eine tolle Ausstrahlung!", von diesem Satz fühlt sich wohl jeder geschmeichelt. Doch wie können Sie bei Ihrem Gesprächspartner oder Publikum einen bleibenden positiven Eindruck hinterlassen? Wir sind in den meisten Dingen unseres Lebens Wissensriesen, aber Umsetzungszwerge. Wir nehmen uns fest vor, mehr Sport zu treiben oder endlich die Steuererklärung zu machen, tun es dann aber doch nicht. Ich nenne dieses Phänomen „Klare Sicht – gefühlte Barriere": Wir wissen genau, was wir eigentlich tun müssten, machen dann aber etwas anderes. Dies ist in vielen Bereichen unseres Lebens so. Bei der eigenen Wirkung verhält sich das allerdings meist anders. Hier hilft der Blick von außen, zusätzliches Wissen, um unser Selbstbild mit dem Fremdbild abzugleichen. Denn wir selbst können uns nur schwer mit den Augen eines anderen wahrnehmen.

Imme Vogelsang ist eine der Top-Expertinnen im deutschsprachigen Raum, wenn es um Wirkungskompetenz geht. Sie hilft Ihnen in diesem Buch, die eigene Wirkung zu reflektieren – durch viele Beispiele und wertvolle Impulse. Und das Ganze auf wissenschaftlicher Grundlage. Ob es um den optimalen Kleidungsstil für das Vorstellungsgespräch geht, die perfekte Farbwahl in einem Business-Meeting oder darum, welche körpersprachlichen Signale beim ersten Eindruck wirken, sie weiß aufgrund ihrer langjährigen Erfahrung, worauf es ankommt. Ich durfte schon mehrmals erleben, wie sie Seminarteilnehmer unserer Akademie beraten hat. Danach sind andere Personen auf diese Menschen zugegangen und haben so etwas wie „Großartig, was ist denn mir dir passiert?" oder „Du hast dich ja positiv verändert!" gesagt. Solche Momente beeindrucken mich immer wieder. Sie enthüllen, wie Kleinigkeiten oft den entscheidenden Unterschied in der Wirkung machen. Dieses Buch ist der Schlüssel zu mehr Wirkungskompetenz. Nur wer sich wohl und sicher mit dem eigenen Auftreten fühlt, überzeugt mit Präsenz und Selbstbewusstsein, auf deren Nährboden eine charismatische Ausstrahlung aufblühen kann.

Ich wünsche Ihnen viel Freude beim Lesen und viele interessante Aha-Effekte.

Herzlichst
Dirk W. Eilert
Entwickler der Mimikresonanz®-Methode,
Leiter der Eilert-Akademie für emotionale Intelligenz,
www.eilert-akademie.de

Vorwort

Ihr erster Eindruck ist entscheidend – denn in 100 ms ist bereits alles gelaufen. In diesem kurzen Zeitfenster wird jeder vom anderen in eine Schublade gesteckt. Diese Einordnung kann komplett verkehrt sein, Wissenschaftler sprechen auch vom „first impression error", allerdings ist es nachgewiesenermaßen sehr schwer und dauert lange, dort wieder herauszukommen. Deshalb sollten Sie Ihren ersten Eindruck bewusst und bestmöglich steuern und gestalten. Denn Sie haben es selbst in der Hand, wie Sie wahrgenommen werden.

Die Kriterien, nach denen wir unser Gegenüber bewerten, resultieren aus der Evolution. Nur, wer blitzschnell entscheiden konnte, ob eine Situation gefährlich war oder eine Begegnung der Arterhaltung dienen konnte, war im Sinne der Evolution lebensfähig. Noch heute verwenden wir dieselben Kriterien, wenn auch überwiegend unbewusst. Darum ist es essenziell zu verstehen, welche Mechanismen wirken und wie der „Automatismus", der zum ersten Eindruck führt, funktioniert. Ich möchte Sie vor allem dafür sensibilisieren, wie unglaublich stark wir jedes Mal, wenn wir jemanden sehen, von dessen Außenwirkung beeinflusst werden. Dazu gehören neben der Körpersprache auch Farbe und Art der Kleidung, Frisur, Brille, Schmuck und Accessoires. Es geht hierbei nicht darum, feste Regeln aufzustellen oder Sie gar in ein „Korsett" zu zwängen. Ich möchte nur erreichen, dass Sie den „Sympathie-Check" des ersten Augenblicks möglichst positiv und gelassen bestehen.

Dabei ist es sekundär, dass immer mehr Konzerne zurzeit eine neue Ära ausrufen, in welcher Krawatten fallen und Vorstandsvorsitze geduzt werden möchten. Eine speziell in konservativen Branchen ungewohnte Lässigkeit im Berufsleben deutet sich an. So schreibt zum Beispiel das Handelsblatt in der Ausgabe vom 14. Juni 2016: „Der neue Cool-Faktor hat strategische Bedeutung. Heute sind Jobs bei Tech-Unternehmen für viele Jung-Talente attraktiver als ein Job an der Wall Street. Außerdem spielt das Bedürfnis, sich auch am Arbeitsplatz authentisch zu geben, eine große Rolle. Banken wollen zudem deutlich machen, dass sie in der Evolution der Finanzbranche nicht die Dinosaurier sind." Allerdings zitiere ich im Kap. 4 dieses Buches Studien, die nachweisen, dass Freizeitkleidung auch einen freizeitmäßigen Arbeitsstil mit sich bringen kann. Das war ein Grund dafür, dass der „Casual Friday" in den USA in vielen Unternehmen wieder abgeschafft wurde.

Ob und wie umfassend sich die neue Lässigkeit durchsetzen wird, bleibt also abzuwarten. Auf jeden Fall öffnet sich ein breites Feld für neue sozialpsychologische Studien darüber, wie sich diese Lässigkeit der Kleidung auf die Arbeitshaltung der Mitarbeiter und die Arbeitsergebnisse der Unternehmen auswirken wird.

Entscheidend ist sicher, in welcher Branche Sie sich bewegen, mit welchen Hierarchie-Stufen Sie zusammenarbeiten, mit welchen Zielgruppen Sie kommunizieren und in welchem Kulturkreis Sie leben. Denn was wir gemeinhin als richtig oder falsch empfinden, als angenehm oder unangenehm, als Formen oder Regeln akzeptieren, entsteht aus der Gesellschaft heraus, aus unserem Kulturkreis. Das gilt weltweit. Der amerikanische Forscher Milton Bennet sagt, wenn mindestens 60 % eines Kulturkreises eine Umgangsform, ein Benehmen, eine Art sich zu verhalten als angenehm oder störend empfinden, dann nehmen wir das in diesem Kulturkreis als richtig oder falsch hin. Solche kulturellen Grundsätze und Umgangsformen werden von Generation zu Generation weitergegeben. Das bedeutet auch, dass beispielsweise „New Work"-Strategien die Regeln des ersten Eindrucks nicht einfach spontan aushebeln können.

Erfahrungsgemäß verlaufen gesellschaftliche Moden immer wellenförmig: Auf die Maßlosigkeit des Adels und der Ständegesellschaft folgte im 18. Jahrhundert die Französische Revolution; auf die streng reglementierte, traditionelle Gesellschaft mit der Familie als tragender Säule nach dem zweiten Weltkrieg folgten die 70er Jahre mit der antiautoritären Erziehung, freier Liebe und Kommunen als Lebensformen. Nach dem Platzen der Dotcom-Blase

im Jahr 2000 und der allgemeinen Verunsicherung innerhalb der Gesellschaft nach der Katastrophe 9/11 folgte
die Kehrtwende in Form einer Rückbesinnung auf alte
Werte und Traditionen, Ehe und Familie standen wieder
hoch im Kurs und Themen wie „Etikette" und „moderne
Umgangsformen" gewannen vor allem im Berufsleben an
Bedeutung. Im Zuge der Start-up-Gesellschaft scheint das
Pendel jetzt wieder langsam in die Gegenrichtung auszu-
schlagen. Ich bin gespannt, wie weit. Denn unabhängig
von der gerade überall propagierten Lockerung der Dress-
Codes in den Unternehmen und der allgegenwärtigen
Digitalisierung, ist jetzt schon zu beobachten, dass es auf
der anderen Seite eine deutliche Sehnsucht nach Werten
und Empathie gibt, nach Familie, Freunden und gelebten,
analogen Netzwerken. Weniger ist mehr, Sharing-Ökonomie
und Nachhaltigkeit sind die Stichworte.

Doch egal, was kommt, an der Funktionsweise unseres Unterbewusstseins und der seit Urzeiten in uns angelegten Reaktion auf Situationen und Menschen ändert
das nichts. Insofern bleiben Sie entspannt und denken
Sie daran: Außenwirkung ist zwar nicht alles – aber ohne
Außenwirkung ist alles nichts. Und wie Sie Ihre Wirkung
auf andere erfolgreich managen können, erfahren Sie in
diesem Buch.

Hamburg   Imme Vogelsang
im Frühsommer 2018

Inhaltsverzeichnis

Über die Autorinnen

Imme Vogelsang.
© Rea Papke, Kiel

Imme Vogelsang Soziale Kompetenz ist und bleibt gerade im digitalen Zeitalter einer der wichtigsten Erfolgsfaktoren. Wir stecken Menschen in 100 ms in eine Schublade und können Emotionen unserer Gesprächspartner in nur 40 ms erkennen – sogar am Monitor.

Empathie und Wirkung sind die Kernthemen von Imme Vogelsang. Als selbstständige Imageberaterin, Coach, Fachbuchautorin, Pressesprecherin bei Etikette Trainer International (ETI) sowie Dozentin an diversen Hochschulen in Deutschland vermittelt sie „Updates" für eine erfolgreiche Performance im Geschäftsleben. Mit dem Thema Mikroexpressionen hat sie ihr Portfolio um ein spannendes Instrument erweitert, das Menschen hilft, ihre Emotionserkennungsfähigkeit zu steigern und Gefühle ihrer Gesprächspartner besser einschätzen zu können.

Die Betriebswirtin arbeitet seit über 35 Jahren in der Kommunikationsbranche: als Pressesprecherin in Unternehmen, als Beraterin in internationalen Agenturen, als freie Journalistin sowie als geschäftsführende Gesellschafterin einer PR-Agentur mit drei Büros in Deutschland. Nach mehreren Jahren in England, Frankreich und der Schweiz lebt sie heute in Hamburg.

Eva Barth-Gillhaus.
© Fotostudio im Klemens-
viertel, Düsseldorf

Eva Barth-Gillhaus Komplexe Zusammenhänge leicht verständlich machen ist die Maxime der gelernten Fachjournalistin und freien Autorin. Dafür verbindet sie Recherche mit Verstehen, Faktenwissen mit Erfahrung und Menschenkenntnis. Sie hat ihr Handwerk in Jahrzehnten perfektioniert. Ihre Lust am Schreiben fließt in ihre journalistische Arbeit ebenso ein wie in Marktforschungsstudien und ihre Autorentätigkeit, weil die Lektüre von Fachwissen und nüchternen Informationen auch Spaß machen kann.

Eva Barth-Gillhaus arbeitet seit über 30 Jahren als Kommunikationsfrau, war unter anderem geschäftsführende Chefredakteurin einer Fachzeitschrift, ist bis heute als freie Journalistin für Fachpresse im In- und Ausland tätig und übernimmt Kommunikationsaufgaben von Unternehmen.

1

Kultur und Prägung

1.1 Was ist Kultur?

Kultur ist ein Orientierungssystem, das Fühlen, Denken, Handeln und Bewerten bestimmt. Es gilt für eine Gruppe von Menschen und definiert, was richtig und falsch, gut und böse, hässlich und schön, normal und unnormal erscheint [1]. Erschreckend ist, dass viele Menschen ihre eigene Kultur gar nicht kennen oder sich nur wenig damit auseinandersetzen. Auf die Frage „Was ist Kultur?" bekommt man bestenfalls Antworten wie „Kunst, Malerei, Theater, Musik". Das ist natürlich nicht falsch – all das gehört auch unter den Oberbegriff „Kultur".

Aber nicht nur die sogenannten schönen Künste machen unsere Kultur aus, denn seinen Ursprung hat das Wort im lateinischen „colere". Übersetzt bedeutet

© Springer Fachmedien Wiesbaden GmbH, ein Teil von
Springer Nature 2018
I. Vogelsang und E. Barth-Gillhaus, *Punkten in 100 Millisekunden,*
https://doi.org/10.1007/978-3-658-21887-4_1

das „pflegen", „urbar machen", „ausbilden". Im weitesten Sinne beschreibt Kultur also die Art, wie Menschen ihr Leben gestalten. Der niederländische Kulturwissenschaftler **Geert Hofstede** spricht in seiner Kultur-Definition von einer kollektiven Programmierung des Geistes [2]. Der US-amerikanische Anthropologe **Edward T. Hall** geht noch weiter und beschreibt sie in seinem Werk „Beyond Culture" [3] als „Kommunikation".

Es gibt zahlreiche Definitionen. Für uns bedeutet Kultur im Rahmen dieses Buches unsere Sicht auf die Welt, beziehungsweise das, was unsere „geistige Festplatte" prägt. Unsere Verhaltensmuster basieren auf Werten und Glaubenssätzen, die in unserem Unterbewusstsein liegen. Sie sind geprägt von dem Kulturkreis, in dem wir aufwachsen. Unsere Sozialisierung ist der Maßstab dafür, wie wir Situationen, Verhaltensweisen und den Umgang von Menschen miteinander beurteilen. Sie ist die Basis für das, was wir sagen, wie wir etwas sagen und wie wir Entscheidungen treffen. Kulturelle Prägung beeinflusst auch, wie wir uns kleiden, verhalten und andere behandeln.

Am deutlichsten spiegelt sich das in unserem Alltag wider: Ob etwas – egal worum es sich handelt – als respektvoll oder höflich empfunden wird, hat nicht nur etwas mit dem grundlegenden Auftreten von Sender und Empfänger zu tun, sondern ganz ausdrücklich mit dem kulturellen Hintergrund der beteiligten Personen. Insofern ist Kultur auch ein Orientierungssystem innerhalb einer Gesellschaft, das die emotionale Bewertung von Dingen wie Familie, Wohlstand, Ehre, Problemen, Emotionen und Macht festlegt. Es liegt also nicht ausschließlich an der Einhaltung von Richtlinien und Ritualen, ob etwas als angemessen angesehen wird oder nicht. Wichtig ist vielmehr die Kenntnis darüber, welche Werte und Regeln im Kulturkreis der jeweiligen Protagonisten gelten.

So wirken manche Verhaltensweisen für uns Deutsche extrem befremdlich, die in anderen Kulturkreisen als völlig normal angesehen werden. Dies ist jedoch keine Einbahnstraße, sondern gilt umgekehrt genauso. Jeder Mensch beurteilt andere vor dem Hintergrund seiner Sozialisierung, seiner eigenen geistigen Festplatte, die ihm vorgibt, was richtig oder falsch ist, was als „normal" oder „unnormal" angesehen wird.

1.2   Das Eisberg-Modell

Um zu erklären, was Kultur bedeutet, haben sich viele Kulturwissenschaftler des sogenannten **„Eisberg-Modells"** (vgl. Abb. 1.1) bedient. Man geht davon aus, dass diese Metapher zum ersten Mal von Sigmund Freud, dem Begründer der Psychoanalyse, im Rahmen seiner Arbeit angewandt worden ist. Er sprach dabei vom „Eisbergmodell des Bewusstseins" [4]. Dem Modell liegt zugrunde, dass bei einem Eisberg lediglich 20 % des Volumens oberhalb der Wasseroberfläche zu sehen sind und der deutlich größere Teil unterhalb der Oberfläche unsichtbar bleibt. Freud wandte dieses Modell auf das alltägliche Verhalten des Menschen an. Seiner Meinung nach werden lediglich zehn bis 20 % des Verhaltens bewusst ausgeführt. Gleichzeitig sei das, was sich „unterhalb der Wasseroberfläche" abspiele, der weitaus wichtigere und bestimmendere Teil des Handelns. In ihm verberge sich die Basis des menschlichen

Abb. 1.1 Die Spitze des Eisbergs – der größere Teil ist nicht sicht-bar. © Jan Rieckhoff

Verhaltens, das maßgeblich von Erfahrungen, Emotionen und kulturellen Normen bestimmt ist.

Der eindeutige Ursprung des Eisbergmodells ist jedoch unbekannt. Bereits Ernest Hemingway benutzte diese Metapher zur Beschreibung seines Schreibstils. Häufig angewandt wird sie in der Anthropologie, wo sie die kulturelle Identität des Menschen beschreibt. Auch hier bedeutet das: Nur ein sehr kleiner Teil unserer Kultur ist wirklich für die Augen sichtbar. Dazu gehören zum Beispiel Symbole, Tänze, Sitten und Gebräuche sowie Kleidung oder Tracht. Der wesentlich größere Teil bleibt unsichtbar, wie etwa der Umgang mit Zeit und Raum, mit Distanz und Macht, mit Schönheit und Wahrheit sowie die Bedeutung von Wohlstand, Persönlichkeit, Ehre, Gerechtigkeit und Freiheit [5]. Allerdings bestimmt der kleine, über dem Wasser sichtbare Teil unsere Außenwirkung – und beeinflusst damit maßgeblich das, was und wie andere von und über uns denken.

1.3 Wie entstehen Formen für den Umgang miteinander?

Aber Kultur ist nicht starr, sondern verändert sich kontinuierlich – Einstellungen und Werte eher langsam, so etwas wie Kommunikation, Architektur und Geschmack dagegen schneller. Was in der einen Generation noch als angemessen oder richtig angesehen wird, kann in der nächsten bereits antiquiert sein. Wenn wir speziell an Deutschland denken, so wurden beispielsweise in der Nachkriegszeit (50er/60er Jahre) die damals noch dominierenden materiellen Werte in den 70er bis 90er Jahren von immateriellen Werten wie Selbstverwirklichung und Individualität abgelöst. Zudem hat sich das Frauenbild in den letzten 40 Jahren komplett verändert. Dass sich heute auch eine Frau bei der Begrüßung von ihrem Sitzplatz erhebt oder in einem Restaurant ganz selbstverständlich die Rechnung für ihren männlichen Begleiter übernimmt, wäre in den 60er Jahren noch undenkbar gewesen. Ganz anders als zu Zeiten unserer Großeltern hinterfragen wir heute fast alles – spätestens seit den 70er Jahren ist Respekt vor formalen Autorität(en) selten geworden, statt Anpassung sind Kritik- und Konfliktfähigkeit zu Erziehungszielen unserer

Kultur geworden – und Homosexuelle dürfen heiraten. Auch technischer Fortschritt kann Ursache für den Wandel von Sitten und Gebräuchen sein. Die Fragen nach dem Umgang mit dem Handy während eines Meetings oder der korrekten Anredeform in einer geschäftlichen E-Mail stellten sich früher einfach nicht.

Am schnellsten ändert sich Geschmack in der Mode. Was gestern noch als angesagt und trendig galt, ist heute veraltet und unmodern. In den achtziger und neunziger Jahren im Geschäftsleben durchaus üblich für Männer, die sogenannte Kombination: Die Hose beispielsweise aus Flanell in Grau oder Blau, das Sakko dazu in einem ganz anderen Muster und Stoff. Vor allem junge Männer waren so gut wie nicht bereit, einen Anzug zu tragen, das galt als bieder und spießig. Inzwischen ist es seit Jahren umgekehrt, eine Kombination gilt als altmodisch, ein Anzug ist „cool". Eine Zeit lang sind die Schnitte schmal und tailliert, dann wieder gerade und kastig. Mal tragen die Frauen Maxi-Röcke und dann wieder Mini und Hot-Pants.

Kulturelle Grundsätze und Umgangsformen werden von Generation zu Generation weitergegeben. Dabei bestehen zum Teil große Unterschiede zwischen unterschiedlichen Kulturkreisen. Es spielt jedoch nicht nur das Land, in dem wir geboren sind oder die Sprache, die wir sprechen, eine Rolle. Neben Kriterien wie Nationalität gehören auch Faktoren wie Alter oder Generation, Geschlecht, sexuelle Orientierung, Ausbildung oder Glauben/Religionen bei der Bewertung von Situationen oder Verhaltensweisen dazu [6].

Obwohl sich immer wieder bestimmte Gruppen oder einzelne Menschen gegen das Einhalten von Regeln auflehnen (oder sie womöglich gar nicht kennen), bieten Letztere doch Orientierung und helfen, sich einer Gruppe oder einem Kulturkreis zugehörig zu fühlen. Eine Gesellschaft funktioniert nicht ohne feste Vorgaben oder Gesetze, auch wenn das zweifellos mit einer gewissen Einschränkung der persönlichen Entfaltungsfreiheit einher geht. Weder Autoverkehr noch Sport funktionieren ohne Regeln. Einheitliche Umgangsformen und Rituale gewährleisten den reibungslosen Umgang von Menschen in ihren jeweiligen Gruppen und Kulturen. So sind Höflichkeit und Respekt vor anderen Menschen unabdingbare Voraussetzungen für das Zusammenleben innerhalb einer Gesellschaft oder eines Kulturkreises.

Insofern kann niemand, auch kein selbst ernannter „Etikette-Papst", einfach bestimmen: „Ab morgen machen wir alles anders." Denn der amerikanische Kulturwissenschaftler Milton Bennett hat beobachtet: Nur, wenn 60–80 % der Personen innerhalb eines Kulturkreises bestimmte Umgangsformen, Rangfolgen und Rituale übereinstimmend als angenehm oder unangenehm, als korrekt oder falsch empfinden, setzt sich das als ungeschriebene Regel in den Köpfen der Menschen fest – und wird so zum Bestandteil ihrer Kultur.

1.4   Was bedeutet eigentlich „typisch deutsch"?

Fleiß, Pünktlichkeit, Ehrlichkeit, Arbeit, Gerechtigkeit, Rationalität und Gleichberechtigung sind typisch deutsche Werte. Wir gelten als organisiert, sehr genau und prinzipientreu. Im geschäftlichen Leben bestätigt sich dies. Regeln und Strukturen sind die Basis zügiger geschäftlicher Verhandlungen. Vorschriften und Gesetze sind die Grundlagen, auf denen sich das deutsche Businessleben abspielt. Widersetzt sich jemand diesen Regeln, disqualifiziert er sich automatisch. Wer nicht pünktlich zum Bewerbungsgespräch erscheint, hat in vielen Fällen bereits verloren. Rechtschreibfehler in Verträgen lassen den Vertragspartner inkompetent wirken. Das sind nur zwei Beispiele einer Liste, die endlos fortgeführt werden könnte.

Deutsche brauchen klare, zuverlässige Orientierung und wollen gern die Kontrolle über jede Situation, in der sie sich befinden. Konkretes Ziel: Risikominimierung. Daher sind Deutsche im Berufsleben sehr strukturiert und formulieren bis ins Detail, um höchste Qualitätsstandards zu erreichen. Mangelhafte Planung und Störungen im Ablauf wirken sich im deutschen Alltag schnell negativ aus und verursachen Ärger [5, S. 17 ff.].

Das zeigt sich auch in der Mode. Zumindest im konservativen Business lieben die Deutschen wenig Experimente. Ideal scheint alles, was praktisch und gut ist. Hemden und Anzüge sind schlicht, die Krawatten eher klassisch. Frauen tragen gerade geschnittene Hosenanzüge in Schwarz-, Blau-, Grau- und Brauntönen. Guckt man in die romanischen Länder wie Frankreich, Italien und Spanien, dann sehen Frauen im Geschäftsleben von der Kleidung und den Schnitten her deutlich weiblicher aus. Und auch in den USA sieht man im Berufsleben viel mehr Frauen in Kleidern, Kostümen und Röcken als bei uns in Deutschland.

1.4.1 Trennung von Arbeits- und Privatbereich

Anders als in Amerika, Australien oder Großbritannien herrscht in Deutschland noch überwiegend eine relativ strikte Trennung von Berufs- und Privatleben. Wir gelten als distanziert, wenig offen für persönliche Kontakte und steif. Wir siezen uns mit den Kollegen. In Zeiten moderner Technik wird dieses Gefüge allerdings zunehmend aufgeweicht – besonders in den höheren Management-Etagen. Denn die Forderung nach ständiger Erreichbarkeit wird in zahlreichen Jobs zwar nicht ausgesprochen, aber als selbstverständlich vorausgesetzt. Aufgrund der beunruhigend stark wachsenden Burnout-Raten [7] versuchen einige Unternehmen, dieser Unsitte mit Reglementierungen entgegen zu wirken. So haben Volkswagen-Mitarbeiter nach Feierabend nicht mehr die Möglichkeit, E-Mails über ihr Dienst-Handy abzufragen. Der Server wird 30 min nach dem Ende der Gleitzeit abgestellt, 30 min vor Arbeitsbeginn wieder angestellt. Telefoniert werden kann nach Feierabend jedoch immer noch [8].

Dennoch gilt es in unserem Kulturkreis weiterhin als eher ungewöhnlich, wenn das Berufsleben auch massiv unser Privatleben bestimmt. Der tägliche „After-Work"-Besuch im Pub mit Kollegen wie in Großbritannien oder das Barbecue mit Belegschaft und Familie wie in Australien ist in Deutschland eher unüblich. Ein freundliches und vertrauensvolles Verhältnis zu Mitarbeitern und Vorgesetzten schließt dies natürlich nicht aus, wobei die meisten Beziehungen sich dennoch deutlich unterscheiden von denen zwischen Kollegen in anderen Ländern [9].

1.4.2 Direkt und gerade heraus: Der Kommunikationsalltag in Deutschland

Der Kommunikationsstil der Deutschen ist geprägt von großer Direktheit und Genauigkeit – es wird Tacheles und nicht lange um den heißen Brei herum geredet. Das „Was" steht im Vordergrund, nicht das „Wie". Auf etwaige Empfindlichkeiten des Gegenübers wird nur selten Rücksicht genommen – was in Ordnung ist, solange der Geschäftspartner aus demselben Kulturkreis kommt und sich nicht durch diese Art der direkten Kommunikation und Kritik beleidigt fühlt.

Im Umkehrschluss bedeutet dies jedoch, dass ein Geschäftspartner aus einem anderen Kulturkreis diese Umgangsformen sehr wohl als unangemessen empfinden kann, selbst wenn der deutsche Kollege sich lediglich präzise, zielorientiert und unmissverständlich ausdrücken will. Kritik wird in Deutschland konkret geäußert, jedoch nur auf den Sachverhalt oder auf die Verfehlung bezogen, nicht auf die Person an sich. Für beziehungsorientierte Menschen ist diese Trennung allerdings schwer nachzuvollziehen, was wiederum zu ernsthaften Konflikten führen kann.

1.5 Woran kann der Einzelne sich orientieren?

Da selbst Grenzen zwischen Nationen für den Einzelnen keine klare Orientierung mehr bieten, stellt sich die Frage, welche Verhaltensweise wann passend ist und nach welchen Regeln wir uns eigentlich richten sollen.

Dazu gehören Aspekte wie zum Beispiel: Wie gehe ich überhaupt mit Menschen um? Wie verhalte ich mich in wichtigen Situationen? Und wie erlange, beziehungsweise erweise ich anderen Personen am besten Respekt?

Ein Mann, der in Deutschland in diesem Zusammenhang immer wieder zitiert wird, ist *Adolf Franz Friedrich Ludwig Freiherr Knigge (1752–1796)*. Dessen Werk „Über den Umgang mit Menschen", umgangssprachlich „Der Knigge" genannt, wurde erstmals im Jahr 1788 veröffentlicht und gilt seitdem als Synonym für gutes Benehmen.

Jeder Mensch gilt in dieser Welt nur so viel, wie er sich selbst geltend macht, heißt es zu Beginn seines ersten Kapitels „Allgemeine Bemerkungen und Vorschriften über den Umgang mit Menschen" [10, S. 29].

Wie fälschlicherweise angenommen wird, liegt sein Fokus dabei nicht auf dem korrekten Umgang mit Messer und Gabel. Knigge empfand vielmehr die herrschende Klasse seiner als Zeit korrupt und dekadent. Sein Anliegen war die Rückbesinnung seiner Zeitgenossen auf die wahren Tugenden wie Mut, Respekt und Höflichkeit innerhalb der Gesellschaft und im Umgang jedes Einzelnen mit anderen. Auf seinem Grabstein im Bremer Dom steht „Bürgerfreund, Aufklärer, Völkerlehrer". Einer, der das steife Korsett der Rituale aufschnüren will. Und einer, der sich alles andere als höflich von „Windbeuteln, Schafsköpfen, Schöpsen, Plusmachern und Pinseln" distanziert [11].

Sein Buch „Über den Umgang mit Menschen" behandelt soziologische und sozialpsychologische Fragen zu einer Zeit, als es Soziologie oder Sozialpsychologie als wissenschaftliche Disziplinen noch gar nicht gab. Das Buch ist über allgemeine Geschichte und Literaturgeschichte hinaus auch bedeutsam in den Bereichen Sozialphilosophie, Pädagogik und Journalistik [12]. Er empfand die Umgangsformen seiner Standesgenossen als künstlich, überzogen und heuchlerisch, mit denen sie sich explizit vom „gemeinen Volk" abgrenzen wollten. Dadurch, dass er als erster Adeliger die Umgangsformen seiner Schicht in gedruckter Form festgehalten hat, sorgte er für ein Aufweichen der Standesgrenzen. Mit seinem Buch leistete er einen Beitrag zur Demokratisierung und ermöglichte so zumindest jungen Männern den Zugang zur Oberschicht mit den dort angesiedelten Berufen. Obgleich Knigge damit für seine Zeit sehr fortschrittlich erschien, wirken viele seiner Regeln aus heutiger Sicht antiquiert. So waren vor allem intelligente Frauen für Knigge lange Zeit vor der Gleichberechtigung bei weitem keine ebenbürtigen Gesprächspartnerinnen, sondern eher eine Horrorvorstellung.

Er schreibt in seinem Buch an einer Stelle:

Ich muss gestehen, daß mich immer eine Art von Fieberfrost befällt, wenn man mich in Gesellschaft einer Dame gegenüber oder an die Seite setzt, die große Ansprüche auf Schöngeisterei oder gar auf Gelehrsamkeit macht. Wenn die Frauenzimmer doch nur überlegen wollten, wie viel mehr Interesse diejenigen unter ihnen erwecken, die sich einfach an die Bestimmung der Natur halten (…) Was hilft es ihnen, mit Männern in Fächern wetteifern zu wollen, denen sie nicht gewachsen sind, wozu ihnen mehrentheils die ersten Grundbegriffe fehlen (…) Und ist es nicht Pflicht, die eingebildeten weiblichen Genies abzuschrecken auf Kosten ihrer eigenen und der Männer Glückseligkeit, nach einer Höhe zu streben, die so Wenige erreichen? … [10, S. 205]

Zitiert: Knigge – die wichtigsten Kernsätze

„Sei, was du bist, immer ganz und immer derselbe."

„Die Kunst des Umgangs mit Menschen besteht darin, sich geltend zu machen, ohne andere unerlaubt zurückzudrängen."

„Sei ernsthaft, bescheiden, höflich, ruhig, wahrhaftig. Rede nicht zu viel. Und nie von Dingen, wovon Du nichts weißt."

„Wer die Gesellschaft nicht entbehren kann, soll sich ihren Gebräuchen unterwerfen, weil sie mächtiger sind als er."

„Gehe nie aus einem Gespräch, ohne dem anderen die Gelegenheit zu geben, mit Dankbarkeit an dieses Gespräch zurückzudenken."

„Interessiere dich für andere, wenn du willst, dass sie sich für dich interessieren."

„Glaube immer – und du wirst wohl dabei fahren – dass die Menschen nicht halb so gut sind wie ihre Freunde sie schildern, und nicht halb so böse, wie ihre Feinde sie ausschreien."

„Man soll nie vergessen, dass die Gesellschaft lieber unterhalten als unterrichtet sein will" [11].

1.6 Welche Gremien gibt es in Deutschland?

1.6.1 AUI – Arbeitskreis Umgangsformen International

Als die wohl am längsten in Deutschland bestehende Vereinigung, die sich mit Umgangsformen auseinandersetzt, gilt der „Arbeitskreis Umgangsformen International" (AUI). Dieses Gremium hat sich auf die Fahnen geschrieben, „das menschliche Zusammenleben angenehm und reibungslos zu gestalten sowie Unsicherheiten im Umgang miteinander zu beseitigen".

Gegründet wurde der Zusammenschluss 1956 als „Fachausschuss für Umgangsformen", gemeinsam von Tino Schneider, Mitglied des Allgemeinen Deutschen Tanzlehrerverbands e. V. (AD TV), und dem Journalisten Hans-Georg Schnitzer. Nachdem die Arbeit des Gremiums 1986 zeitweilig eingestellt wurde, konstituierte sich der Verein im Jahr 1989 unter anderem Namen neu. Aktuell besitzt der AUI 20 Mitglieder aus dem europäischen Ausland und aus Deutschland, wobei man sich ausschließlich mit Verhaltensformen in Deutschland befasst [13].

1.6.2 Etikette-Trainer-International (E.T.I.)

Das im Jahr 2003 gegründet Netzwerk „Etikette-Trainer-International" (ETI) ist ein Zusammenschluss aus Fachleuten verschiedener Disziplinen, die sich über moderne Umgangsformen austauschen und Empfehlungen aussprechen. Die Mitglieder sind nicht nur Trainerinnen und Trainer für Stil und Etikette, sondern auch Experten für Protokoll, Mimik, Körpersprache, Gastronomie sowie (interkulturelle) Kommunikation. Neben Schulungen zu Stil und Etikette sowie modernen Umgangsformen im Geschäfts- und Privatleben bieten die Mitglieder von ETI Image-Beratung, interkulturelle Trainings, Tischkultur-Workshops sowie Seminare über Mikroexpressionen, den Aufbau von Business-Netzwerken, Coaching, Körpersprache, Geschäftskorrespondenz sowie Protokoll und Smalltalk an [14].

1.6.3   Der „Deutsche Knigge Rat"

Ein ähnlich breites Spektrum von Vertretern verschiedener Disziplinen zeichnet den Deutschen Knigge Rat aus, einen Expertenkreis, der sich „visionär, praktisch, ideell und kontrovers mit neuen Trends, Ideen und Fragestellungen zu zeitgemäßen Umgangsformen auseinandersetzt" [15]. Als prominentes Gründungsmitglied gilt Moritz Freiherr Knigge, ein Nachfahre des berühmten Adolph Freiherr Knigge.

1.7   Wo entstehen kulturelle Verhaltensmuster?

Wie bereits erwähnt, müssen Umgangsformen und Etikette immer sowohl im historischen als auch kultur-kreisspezifischen Kontext bewertet werden. Was heute als stilvoll und angemessen gilt, ist sicherlich nicht immer so gesehen worden und gilt vielleicht schon in der nächsten Generation als veraltet. Wie auch unter Ludwig dem XIV. gibt es in allen Gesellschaften eine so genannte „macht-tragende Schicht". In der Soziologie spricht man von den „Eliten" einer Gesellschaft. Überall auf der Welt werden innerhalb dieser Gruppen exklusive Verhaltensmuster (Formen) entwickelt, nach denen sich diese richten – und die sie dann auch an die nächsten Generationen weiter-geben. Nicht umsonst spricht man von Umgangs**formen.** Sie gelten als Beleg für eine gute Erziehung und sind damit Ausweis für die Zugehörigkeit zur beispielgebenden Gesellschaftsschicht. Im Laufe der Zeit werden diese

Regeln dann auch von der nächsten unteren Schicht übernommen, um „dazu zugehören" und dadurch womöglich Vorteile zu erlangen.

In Deutschland löste Erica Pappritz, stellvertretende Protokollchefin im Auswärtigen Amt, zwischen den 1950er und 1960er Jahren eine Diskussion über Etikette aus. 1956 wurde das „Buch der Etikette" [16] veröffentlicht, an dem sie maßgeblich beteiligt war. Das Werk polarisierte, da nicht nur Regeln für passende Kleidung und gutes Benehmen beschrieben wurden, sondern beispielsweise auch, wie oft eine Toilettenspülung benutzt werden sollte. Verschiedene Medien echauffierten und amüsierten sich über das Werk. Selbst im Deutschen Bundestag wurde das Buch thematisiert.

Das Hamburger Abendblatt berichtete im Jahr 1957 [17]: „Bei den Damen herrscht die Verstimmung vor. Die Feststellungen der Protokollchefin: ‚Damen, die auf der Straße rauchen, sind entweder keine oder Amerikanerinnen', oder, dass ‚wirkliche Damen niemals auf der Straße laufen', haben schärfste Kritik unter den Frauen hervorgerufen. Selbst der Bundeskanzler habe das Buch humoristisch und ironisch aufgenommen", hieß es in der Tageszeitung.

> **Wissenswert: Woher stammt das Wort „Etikette"?**
>
> Der Begriff „Etikette" ist auf Ludwig XIV., den französischen Sonnenkönig, zurückzuführen. Dieser legte viel Wert auf Ordnung und Regelmäßigkeit, auf Details und Exaktheit und war ein Verfechter eines strengen Hofzeremoniells. Das führte so weit, dass er am ganzen Hof kleine Schilder – Etiketten – anbringen ließ, auf denen die genaue Rangfolge der am Hofe zugelassenen

Personen festgelegt war. Nur wer die „Etikette" kannte, war demnach in der Lage, sich den Regeln des Hofes entsprechend zu verhalten. Ziel war vor allem eine deutliche Abgrenzung zum gemeinen Volk. Nicht umsonst spricht man von Höflingen, Höflichkeit oder einem höflichen Umgang, was sich alles von dem Wort „Hof" ableitet. Gleiches gilt auch für andere Sprachen, wie zum Beispiel im Englischen „court" und „courtesy" und im Französischen „cour" und „courtois". Moderne Umgangsformen stehen heute für das genaue Gegenteil: Wer weiß, wie man sich innerhalb eines Kulturkreises zu verhalten hat, wird integriert und hat zumindest theoretisch die Chance, in alle Gesellschaftsschichten aufzusteigen. Typisch hierfür sind die USA: „Vom Tellerwäscher zum Millionär".

1.7.1 Was hat sich konkret in Deutschland geändert?

Vergleicht man die heute als angemessen geltenden Umgangsformen etwa mit denen, die Erica Pappritz noch in ihrem Werk formuliert, wird schnell deutlich, wie stark der historische Kontext Einfluss auf die Regeln nimmt. Insbesondere die unterschiedliche Behandlung von Mann und Frau hat sich in den vergangenen Jahrzehnten aufgrund der Emanzipation immer stärker verringert. Galt früher in jeder Lebenslage die Regel „Ladies First", geht es heutzutage vor allem im Berufsleben nur noch nach Rang und Position. So stehen auch Frauen bei der Begrüßung von Geschäftspartnern auf, um ihnen die Hand zu geben. Früher war es den Reifrock tragenden Damen gestattet, sitzen zu bleiben und ihre Hand huldvoll zum Handkuss hinaufzureichen. Die Zeiten haben sich geändert.

Undenkbar war es ebenfalls, eine Frau am Ende eines Tisches zu platzieren. Heute ist das nicht ungewöhnlich, ebenso wenig wie eine Frau, die allein ein Restaurant besucht. Aber auch unabhängig von Geschlechterrollen haben sich viele Verhaltensformen in den letzten 30 Jahren verändert. Mittlerweile gehört es sich beispielsweise, seinen Vor- und Zunamen zu nennen, wenn man sich miteinander bekannt macht und nicht nur den Nachnamen, wie es früher üblich war. Das fällt insbesondere den Älteren schwer, die das noch anders gelernt haben. So kommt immer wieder das Argument, dann würde der andere womöglich denken, dass man geduzt werden wolle. Das ist nicht der Fall, denn dann würde man ja seinen Nachnamen gar nicht erst erwähnen. Diese Regel gilt quer durch alle Hierarchiestufen, vom Auszubildenden bis zum Geschäftsführer, vom Werkstudenten bis zum Vorstandsvorsitzenden. Auch der Umgang mit neuen Medien, die ständige Erreichbarkeit durch Mobiltelefone, digitale Kommunikation mit SMS und E-Mail bedürfen neuer, gesellschaftlich angemessener Regeln.

Früher war es selbstverständlich, Personen, die man ehren und schützen wollte, an seiner rechten Seite zu platzieren. Auch heute ist die rechte Seite dem „Ehrengast" (und den Damen) vorbehalten. Das hat einen historischen Hintergrund: Die meisten Menschen sind Rechtshänder. Insofern trug früher die Mehrheit der Männer Schwerter, Säbel und Messer an ihrer linken Seite, um sie bei drohender Gefahr mit ihrem rechten Arm schnell ziehen zu können. Deshalb galt die Regel: Personen, die man ehren und schützen wollte, standen, gingen oder saßen immer rechts. So konnten sie am besten beschützt werden.

Nun treffen wir heute nur noch recht selten auf Säbel-
träger, aber die Regel gilt immer noch – zumindest in
geschlossenen Räumen und im offiziellen Protokoll. Der
technische Fortschritt hat jedoch auch so etwas wie sechs-
und achtspurige Straßen hervorgebracht, sodass man diese
Regel situationsgerecht angepasst hat: Personen, die man
ehrt, zum Beispiel Geschäftspartner und Kunden, oder
schützen möchte (Alte, Gebrechliche und Kinder), lässt man
immer nur an der Seite gehen, die nicht der (gefährlichen)
Straße zugewandt ist. Das machen wir mit kleinen Kindern
und alten Menschen instinktiv richtig. Und das kann eben
auch mal die linke und muss nicht die rechte Seite sein.

1.8   Der Umgang mit anderen Kulturen

„Die spinnen, die Römer" – dieses Zitat von Asterix und
Obelix aus den bekannten französischen Comics von
Rene Goscinny und Albert Uderzo zeugt im Grunde von
der Unfähigkeit der Protagonisten, sich in Sitten und
Gebräuche anderer Völker hineinzuversetzen. Gilt es
heute für viele als selbstverständlich, sich permanent mit
fremden Kulturen und deren Eigenheiten auseinanderzu-
setzen, so haben die Menschen von der Antike bis zum
Mittelalter Personen aus anderen Kulturkreisen eher als
Wilde oder Barbaren angesehen, denen sie im alltäglichen
Leben nicht auf Augenhöhe begegnet sind.

„When in Rome, do as the Romans do" – ist eine Redens-
art, die relativ gut beschreibt, wie Sie sich bei Geschäfts-
terminen im Ausland verhalten sollten. Grundsätzlich wird

erwartet, dass sich Verkäufer dem Käufer und Besucher den örtlichen Sitten und Gegebenheiten anpassen. Hierbei geht es vor allem darum, mit dem eigenen Verhalten nicht gegen Tabus des Gastlandes zu verstoßen – also gegen Gebote, deren Verletzung eine Brüskierung bedeuten würde.

So selbstverständlich es bei uns ist, andere Menschen zu respektieren, so selbstverständlich ist es auch, Sitten und Normen anderer Völker zu achten. Niemand erwartet von Europäern, dass sie in den USA beim Essen, wie dort üblich, eine Hand unter dem Tisch lassen. Die Amerikaner wissen, dass wir Deutschen komisch sind … Entscheidend ist es, auf Sitten und Gebräuche anderer Kulturen Rücksicht zu nehmen und deren Gefühle nicht zu verletzen.

Zusammenfassung

Egal, ob es um Kommunikation im Beruf oder im Privaten geht, zwischen Menschen mit gleichem oder unterschiedlichem kulturellen Hintergrund: Der respektvolle Umgang miteinander spielt in unserer Gesellschaft eine wichtige Rolle. Höflichkeitsstandards sind ein Katalog von Strategien, die auf Erfolg gerichtet sind: ohne Manieren keine Karriere. Das Wissen um aktuelle Regeln und Rituale sollte selbstverständlich sein. Gleichzeitig war es niemals so schwer wie heute, die richtige Form zu finden. Denn die eine immer richtige Form gibt es nicht mehr. Umgangsformen müssen der Situation angemessen sein, unterschiedliche Erwartungen verschiedener Generationen und Kulturkreise erfüllen und ständig aktualisiert werden. Denn vieles, was wir ursprünglich zuhause gelernt haben, ist inzwischen veraltet. Außerdem ändern sich Sitten und Gebräuche mit der Zeit. Von daher sind regelmäßige Updates ausgesprochen ratsam, wenn man erfolgreich sein will. Und das gilt nicht nur für andere Kulturen, sondern ganz besonders auch für die eigene.

Aus internationaler Sicht gibt es einige Kulturstandards der Deutschen, die als negativ und wenig wertschätzend empfunden werden. In den Augen anderer Völker gelten wir oft als rüde, unhöflich, kleinlich, bürokratisch, dominant, besserwisserisch und zu direkt. Aber andere Eigenschaften, wie zum Beispiel Zuverlässigkeit, Pünktlichkeit, Genauigkeit und Arbeitseinstellung werden als vorbildlich angesehen und sehr geschätzt. Wichtig ist vor allem das Wissen um diese Kulturunterschiede. Wer also international unterwegs ist oder mit Menschen unterschiedlicher Kulturkreise zusammenarbeitet, sollte sich der verschiedenen Prägungen bewusst sein, um eine reibungslose und gute Zusammenarbeit zu gewährleisten. Gleichzeitig wird das Gegenüber ebenfalls versuchen, sich auf unsere Kultur einzustellen. Man kann also hoffen, sich auf einem guten Mittelweg zu treffen [18].

Eine Grundregel schadet dabei jedenfalls nie: Die Sitten, Moralgesetze und Gesellschaftsnormen zu respektieren bedeutet, sich nicht in verletzender Weise gegen sie zu verhalten. Das gilt auch für Ihre Kleidung! Seien Sie also stets wertschätzend und freundlich, sorgen Sie dafür, dass Ihr Gegenüber nie sein Gesicht verliert. Wenn Sie mit Menschen aus anderen Kulturen zusammenarbeiten, informieren Sie sich rechtzeitig über grundlegende gesellschaftliche Unterschiede, um Missverständnisse zu vermeiden. So hinterlassen Sie einen kompetenten Eindruck und gewinnen Ihre Gesprächspartner mit ihrer sympathischen Außenwirkung.

Literatur

1. Thomas A (1996) Analyse der Handlungswirksamkeit von Kulturstandards. In: Thomas A (Hrsg) Psychologie interkulturellen Handelns. Hogrefe, Göttingen, S 107–135
2. Hofstede G (2006) Lokales Denken, globales Handeln: Interkulturelle Zusammenarbeit und globales Management. Dt. Taschenbuch-Verlag, München
3. Hall ET (1976) Beyond culture. Anchor Books, New York
4. http://www.vertriebslexikon.de/eisberg-gesetz.html. Zugegriffen: 31. Aug. 2015
5. Berniers C (2006) Managerwissen kompakt: Interkulturelle Kommunikation. Hanser, München
6. www.culturaldetective.com. Zugegriffen: 31. Aug. 2015
7. Gesundheitsmonitor (2015) Bertelsmann-Stiftung. https://www.bertelsmann-stiftung.de/fileadmin/files/Projekte/17_Gesundheitsmonitor/Newsletter_Gesundheitsmonitor_selbstgefaehrdendes_Verhalten_20150316.pdf. Zugegriffen: 31. Aug. 2015
8. Erwähnt z. B. http://www.spiegel.de/wirtschaft/service/blackberry-pause-vw-betriebsrat-setzt-e-mail-stopp-nach-feierabend-durch-a-805524.html. Zugegriffen: 31. Aug. 2015
9. Schroll-Machl S (2013) Die Deutschen – Wir Deutsche: Fremdwahrnehmung und Selbstsicht im Berufsleben. Vanderhoek & Ruprecht, Göttingen, S 72
10. Knigge AF (1991) Über den Umgang mit Menschen. Herausgegeben von Göttern Karl-Heinz. Nikol Verlagsgesellschaft, Hamburg, S 29
11. Vensky H (2013) 225 Jahre „Knigge", Knigge war kein Freund von Anstandsregeln. Zeit Online. http://www.zeit.de/wissen/geschichte/2013-04/knigge-ueber-den-umgang-mit-menschen/seite-2. Zugegriffen: 21. Sept. 2015

12. Hermann I (2007) Knigge. Die Biographie. Propyläen, Berlin, S 300 ff.
13. Arbeitskreis Umgangsformen International (2009–2016) http://aui-umgangsformen.com/pages/ueber-uns.php. Zugegriffen: 31. Aug. 2015
14. Etikette-Trainer-International. http://www.etikette-trainer.de/index.php/de/. Zugegriffen: 21. Nov. 2016
15. Der Deutsche Knigge Rat. http://knigge-rat.de. Zugegriffen: 31. Aug. 2015
16. Graudenz K, Mitarbeit Pappritz E (1957) Das Buch der Etikette. Perlen-Verlag, Marbach am Neckar
17. Artikel Hamburger Abendblatt. „Wirbel um die Anstandsfibel". Hamburger Abendblatt, 27. Febr. 1957
18. http://www.schroll-machl.de/GoingGlobal.pdf. Zugegriffen: 23. Aug. 2015

2

Der erste Eindruck

Es passiert so schnell, dass wir weder den eigentlichen noch einen rationalen Grund für das Ergebnis benennen können: Wir begegnen einem uns völlig unbekannten Menschen und schon haben wir ihn oder sie in eine „Schublade gesteckt" (vgl. Abb. 2.1). Für den Hamburger Sozialpsychologen Hans-Peter Erb ist das ein sehr menschliches Verhalten: „Wir kategorisieren ganz automatisch und teilen die Welt in Gruppen ein", erklärt der Forscher von der Helmut-Schmidt-Universität Hamburg. Vom berühmten ersten Eindruck ist die Rede, dessen Entstehung wir in diesem Kapitel näher beleuchten. Wir gehen den Fragen nach, wie und warum dieser „Automatismus" funktioniert, was in unserem Körper passiert und inwieweit unser Verstand dabei mitwirkt. Unsere Schlussfolgerung: Außenwirkung ist nicht alles – aber ohne Außenwirkung ist alles nichts.

© Springer Fachmedien Wiesbaden GmbH, ein Teil von Springer Nature 2018
I. Vogelsang und E. Barth-Gillhaus, *Punkten in 100 Millisekunden*, https://doi.org/10.1007/978-3-658-21887-4_2

Abb. 2.1 Schubladendenken ist ein unbewusster Automatismus und basiert auf Übertragung. © Jan Rieckhoff

2.1   Es geht ums Überleben

Die Hirnforschung hat in den letzten zehn Jahren mehr über die Funktionsweise des Gehirns gelernt als in den 100 Jahren davor. Diesen enormen Erkenntnissprung verdankt die Wissenschaft insbesondere neuen Messverfahren, zum Beispiel der funktionellen Magnetresonanztomografie (MRT), mit der erstmals das Gehirn live bei der Arbeit beobachtet werden kann. Dann, wenn Menschen ihre Lieblingsmarken, Werbespots, Rabattsymbole oder Produktdesigns betrachten. Erkenntnis fördernd kommt hinzu, dass das Gehirn die einzige Konstante in unserer immer komplexer werdenden Welt ist: Das menschliche Gehirn ist im 21. Jahrhundert etwa 50.000 Jahre alt. Die Evolution verändert den genetischen Setup des Menschen und damit den Aufbau des Gehirns nicht täglich oder jährlich, sondern über Zeiträume von ungefähr 50.000 Jahren hinweg [1].

Noch älter und ursprünglicher dürfte das Prinzip des ersten Eindrucks sein. Immerhin sicherte das blitzschnelle Erkennen von Gefahren das Überleben in der freien Natur. Die überlebenswichtige, entscheidende Erfahrung des ersten Eindrucks ist uns Menschen erhalten geblieben und wissenschaftlich belegt. Zwar glauben und hoffen wir im Fall der Fälle, einen ungünstigen ersten Eindruck später wieder bereinigen zu können, wenn wir nur gut genug sind. Das ist allerdings nur zu einem geringen Teil möglich.

Viele Studien belegen, dass der erste Eindruck tatsächlich bleibend ist: „Egal, ob Sie einen Menschen beurteilen wollen oder nicht: Ihr Verstand wird das auf jeden Fall tun, die Person einsortieren und bewerten. Das ist automatisch so", stellt Antonio Rangel vom California Institute of Technology fest [2]. Dabei brauche unser Unbewusstes maximal 230 ms, um zu entscheiden, was richtig und was falsch sei, andere Wissenschaftler gehen sogar von nur 100 ms aus.

Dass der erste Eindruck zählt, ist also keineswegs nur eine Redewendung. Denn mit diesem ersten Eindruck machen wir uns ein Bild von einem Menschen, zum Beispiel von einem Bewerber. Und mit diesem Bild gleichen wir den Menschen im Folgenden immer wieder ab. Amerikanische Wissenschaftler sprechen in diesem Zusammenhang von einer Färbung, als „first impression error" bezeichnet, die aussagt, dass sich Bewerber noch so gut präsentieren können, einen schlechten ersten Eindruck revidieren sie damit nicht mehr [3].

Wenn wir also einem Menschen begegnen, ist in kürzester Zeit alles gelaufen. Trifft irgendein Reiz auf eines unserer Sinnesorgane, haben wir bereits entschieden: kompetent – ja oder nein, sympathisch – ja oder nein, offen für Beratung – ja oder nein, passt in mein Team – ja oder nein. Denken Sie also daran: Der Moment, in dem Sie ein Zimmer betreten oder der, in dem Sie das erste Mal jemand anderem unter die Augen treten, ist entscheidend für alles, was danach noch passiert [4]. Und alle Wissenschaftler sind sich einig: Unser bewusstes Denken hat dabei nur wenig Einfluss auf das, was wir tun.

Komplett aussichtslos, einen negativen Eindruck wieder gut zu machen, ist es jedoch nicht. Die Macht des ersten Eindrucks kann langfristig gebrochen werden, wenn man sich in möglichst vielen verschiedenen Situationen unter den verschiedensten Umständen angenehm präsentiert. Dann verliert der erste Eindruck nach und nach seine Relevanz [5]. Die Frage ist nur: Wie viele Chancen bekommen wir im Geschäftsleben? Für ein Bewerbungsgespräch, für ein Verkaufsgespräch, für eine Wettbewerbspräsentation beim Kunden? Wie oft dürfen wir wiederkommen, wenn der erste Eindruck schlecht war? Normalerweise gar nicht!

2.2 Wie unser Gehirn das Urteilsvermögen steuert

Die Geschwindigkeit, mit der Signale in unserem Gehirn verarbeitet werden, ist atemberaubend. Neuroinformatiker haben festgestellt, dass unser Gehirn in der Lage ist, über unsere fünf Sinne bis zu elf Millionen Bit an Informationen pro Sekunde aufzunehmen [6]. Deshalb ist unser Gehirn unserer bewussten Wahrnehmung sozusagen ständig einen Schritt voraus [7]. Psychologe und Nobelpreisträger Daniel Kahnemann nennt dieses System das „System 1": den Autopiloten (das Unbewusste). Es kann nahezu grenzenlos Informationen aufnehmen. Nur einen minimalen Teil davon – zwischen 40 und 50 Bits – gibt es weiter an das „System 2": den Piloten (das Bewusste). Es gelangen also immer sehr viel mehr Impulse in unser Gehirn, als uns bewusst wird [8].

Insgesamt gibt es 102 Beobachtungsdimensionen, die ein Mensch auf einmal wahrnehmen kann. Diese werden von unserem Gehirn aufgenommen und gefiltert. Da unser Verstand diese riesige Informationsmenge nicht komplett verarbeiten kann, schaltet unser Gehirn in eine Art Energiesparmodus und selektiert die Informationen. Am Ende gelangt nur noch ein sehr kleiner Teil – nämlich rund 40 Bits pro Sekunde – in unser Bewusstsein. Das bedeutet: Wir nehmen nur 0,00004 % der Informationen, die auf uns einwirken, bewusst wahr [9].

2.2.1 Das Limbische System – der Türsteher unserer subjektiven Wahrnehmung

Verantwortlich dafür ist das sogenannte limbische System, das Emotionsoder auch Gefahrenzentrum unseres Gehirns, das alle Informationen filtert und dann entscheidet, was in unser Bewusstsein gelangt und was nicht. Es befindet sich in unserem Großhirn und hat eine wichtige Aufgabe: Im Rahmen eines überaus komplexen Vorgangs sortiert es – vereinfacht gesagt – alle Informationen, die bei uns ankommen, zunächst einmal in gut oder schlecht, spannend oder langweilig und Freund oder Feind. Die Einsortierung erfolgt, bevor uns die Informationen überhaupt bewusst werden.

„Wir merken nicht einmal, dass wir riesige Bereiche da draußen ausblenden, nur weil wir uns auf eine Aufgabe oder ein Objekt konzentrieren", betont die Neurowissenschaftlerin Susana Martines-Conde vom Baron Neurological Institut in Phoenix, USA. Ihr Kollege Stephen Machnik ergänzt: „Letztlich ist jeder von uns nur ein Haufen von elektrochemischen Signalen, die in unserem Gehirn herumschwirren. Unser Schädel hat keine Fenster, also müssen wir uns auf unsere Sinnesorgane verlassen und das, was unser Gehirn sich ausdenkt. Das macht die Realität" [2]. Wir reagieren aufgrund weniger Sinneswahrnehmungen instinktiv in Bruchteilen von Sekunden. Das ist evolutionsbedingt in jedem Lebewesen so angelegt.

Dazu gehört auch, dass wir in den ersten Millisekunden rein instinktiv reagieren, während unser denkendes Großhirn quasi ausgeschaltet ist.

Stellen Sie sich vor, Sie befinden sich in einem Büro im sechsten Stock eines Hauses. Sie wollen kurz den Raum verlassen und öffnen die Bürotür. Vor Ihnen steht ein riesiger Tiger und brüllt. Wer jetzt erst anfängt zu überlegen „Wie kommt ein Tiger in den sechsten Stock", ist bereits tot.

Deshalb hat es die Natur so eingerichtet, dass wir in derart lebensbedrohlichen Situationen rein instinktiv reagieren und hoffentlich die Tür sofort zuschlagen. Dabei lernen wir hinzu. Auch um den denkenden Teil des Gehirns zu entlasten, siedeln wir erlernte Überlebens-Reaktionen für den modernen Alltag in unser „Instinkt-Archiv" um.

Wir stehen an einer Ampel, sie schaltet auf Grün. In dem Moment hören wir ein Martinshorn in unserer unmittelbaren Umgebung. Ohne darüber nachzudenken bleiben wir stehen. Die grüne Ampel ignorieren wir – und zwar ganz automatisch.

In beiden Beispielen läuft im Gehirn der gleiche Prozess ab: Ein Modul im rechten Schläfenlappen gleicht in Sekundenbruchteilen Gesichter und Situationen mit einer Art Datenbank in unserem Unbewussten ab und entscheidet, was zu tun ist. Verantwortlich dafür ist die sogenannte Amygdala, ein Teil des limbischen Systems. Sie ist aus neurologischer Sicht im Wesentlichen an der Entstehung von Angst beteiligt und spielt dadurch eine wichtige Rolle bei der Wiedererkennung und Bewertung von emotionalen Situationen. Von der Amygdala aus wird der externe Impuls verarbeitet und eine vegetative, also unbewusste, Reaktion eingeleitet. Diese Region im Gehirn ist verantwortlich für unsere Intuition, die sich oft nicht rational erklären lässt. „Unter Intuition verstehen wir das, was wir unser Bauchgefühl nennen. Wir haben intuitiv ein gutes oder ein schlechtes Gefühl von etwas. Das sind Signale unseres Gehirns, ob etwas richtig ist oder falsch", erläutert der amerikanische Psychologe John Bargh, Professor an der Yale University [2].

2.2.2 Das Bauchgefühl: Der Darm redet mit

Tatsächlich hat wohl auch unser Bauch, genauer gesagt der Darm, ein Wörtchen mitzureden. Zu dieser Überzeugung gelangen immer mehr Wissenschaftler, darunter der Biologe Prof. Dr. rer. nat. Michael Schemann, der seit 1986 das „Darmhirn" erforscht. Er hat festgestellt, dass die Nervenzellen im Verdauungstrakt die gleiche Sprache sprechen wie ihre Verwandten im Gehirn und dass Darm und Hirn in ständigem Austausch miteinander stehen. Wir alle kennen die Konsequenzen, wenn unser Darm sozusagen „mitbekommt", was Drumherum los ist Bei Stress zum Beispiel lähmen unsere Darmmuskeln die Verdauung. Und Angstdurchfall, etwa vor einer Prüfung, entsteht vermutlich, weil das Bauchhirn aktiviert wird.

Auch zwischen Darm und Hirn fließe der Informationsaustausch, sodass man dem Verdauungstrakt eine eigene Art „Intelligenz" nicht absprechen könne. Unbewusste Empfindungen aus dem Darmhirn könnten sogar eine Art Gefühlsteppich bilden, „der uns bei Entscheidungen beeinflusst", erläutert Schemann [10].

Wo immer unsere Intuition letztlich sitzt, sie basiert in erster Linie auf Erfahrungen und endlosen Wiederholungen, die in unserem Unterbewusstsein abgespeichert sind, und zwar von Geburt an. Im Wachzustand wird jede Information, die menschliche Sinne trifft, im Großhirn festgehalten – und bei Bedarf wieder hervorgeholt. Vor allem, wenn es um Gefahr für Leib und Leben geht. Jeder Mensch besitzt in seinem Großhirn eine Art Mega-Cloud. Jedes Mal, wenn ein neuer Eindruck auf einen unserer Sinne trifft, gleicht sie in Bruchteilen von Sekunden ab, ob das, was wir wahrnehmen, positive oder negative Gefühle und Erinnerungen weckt. All das geschieht absolut unbewusst.

Mehr noch: Über 90 % der gewohnten alltäglichen Handlungen erledigt unser Gehirn automatisch für uns. Das Schalten beim Autofahren, das Zähneputzen am Morgen oder das Tippen auf einer Tastatur: Einmal gelernt, kann das Gehirn diese Informationen und Handlungsabfolgen automatisch wieder abspulen. Auch wenn wir einem Menschen begegnen, sorgt das Gehirn für eine automatische erste Einschätzung über dessen Charakter. Dafür sind 100 Mrd. Nervenzellen aktiv, die in 100 ms bis 90 s zu einem Ergebnis kommen. Auch das ist in unserem Gehirn bereits einprogrammiert. Zwar schlagen wir einem fremden Menschen nicht wie einem Tiger die Tür vor der Nase zu, wenn er uns unsympathisch vorkommt. Der Mechanismus im Kopf ist jedoch der gleiche. Egal, ob Raubtier oder Gesprächspartner: Die Entscheidung, ob unser Gegenüber Freund oder Feind ist, wird sofort getroffen. Und das bedeutet für Sie: Der erste Eindruck muss überzeugen!

2.3   Der Primacy-Effekt

Der erste Eindruck entsteht durch die erhöhte Aufmerksamkeit zu Beginn einer Begegnung, den sogenannten Primacy-Effekt. Zwar werden im Laufe einer Begegnung auch später noch weitere Informationen für eine erste Bewertung aufgenommen, jedoch ist der erste Eindruck der wichtigste und prägendste. Besonders der Gesichtsausdruck einer Person ist entscheidend dafür verantwortlich, ob wir auf einen unbekannten Menschen positiv oder negativ reagieren.

Besteht unser Gegenüber diesen ersten kurzen Sympathie-Check, laufen die Prozesse genauso schnell und unbewusst weiter. Innerhalb der nächsten Minute schätzen wir das Alter ab und scannen die Figur. Bleibt danach unser Interesse bestehen, mustern wir Details auf dem Oberkörper, schauen auf Hände und Körperhaltung. Wir bewerten den Tonfall und die Stimme. Spätestens in der vierten Minute haben wir endgültig entschieden, ob wir eine Person anziehend finden oder nicht. Dabei prüft unser Gefühl, ob sich unser Gegenüber zur Arterhaltung eignet oder im Kampf um den besten Partner eher eine Konkurrenz darstellt.

Das alles „wissen" wir nach den erwähnten vier Minuten. Alles, was darüber hinausgeht, ist für unser Urteil weitgehend uninteressant – egal, ob wir noch eine oder mehrere Stunden mit jemandem verbringen. Unser Unterbewusstsein hat schon längst entschieden.

Die unbewusste Prüfung erfolgt unabhängig davon, ob wir bereits einen festen Partner haben oder nicht. Denn hier entscheidet allein das Gefühl und nicht der Verstand

[11]. Sogar die Faustformel der Zeitungs-Branche „Sex sells" ist hier angesiedelt. Wer allerdings mit der Hoffnung darauf im Minirock oder mit offenem Oberhemd auf die Vortragsbühne tritt, wird eher das Gegenteil des angestrebten Eindrucks erreichen.

So ging es beispielsweise einer Referentin in einem Hotel am Hamburger Hafen, wo bodentiefe Fenster den Blick auf den Schiffsbetrieb gestatteten. Genau darauf konzentrierte sich dann auch die Aufmerksamkeit der Kongress-teilnehmer. Denn die Referentin trug zwar einen sehr schicken, aber äußerst kurzen Rock sowie Overknee-Stiefel. Die Aufmerksamkeit der Teilnehmer wurde dadurch zu allererst auf ihre hübschen Beinen gelenkt. Zudem konnte man zwischen ihren Beinen die Schiffe fahren sehen. Nach diesem „Auftritt" erinnerte sich keiner mehr an den Inhalt des Vortrags. Mit einem etwas längeren Rock hätte die Aufmerksamkeit dagegen auf ihrem Gesicht und ihrem Vortrag gelegen – wie das bei allen anderen Referentinnen an diesem Tages auch der Fall war.

Auch der letzte Eindruck, den jemand zum Beispiel bei der Verabschiedung auf uns macht, ist wichtig. Wissen-schaftler sprechen hier von dem „Recency-Effekt". Er hat jedoch deutlich weniger Einfluss auf unser Empfinden als der erste Eindruck [12]. Somit können spätere, rationale Bewertungen in Bezug auf einen ersten Eindruck kaum noch revidiert werden. Nahezu unmöglich erscheint das obendrein, wenn der erste Eindruck durch einen als angenehm oder unangenehm empfundenen Geruch unterstützt wird, denn der hat vor allem für Frauen ein besonderes Gewicht [13].

2.3.1 Das Gesicht zeigt den Charakter

Viele Studien belegen, dass vor allem zwei Faktoren für die Einschätzung eines Menschen relevant sind. Es geht maßgeblich darum, ob er uns vertrauenswürdig – sprich sympathisch – erscheint oder tendenziell hinterhältig und aggressiv. Vertrauenswürdigkeit ist das Wichtigste, das bewies auch das italienische Forscherteam um die Psychologin Tessa Marzi. Die Wissenschaftler fanden heraus, dass wir einen „Werkzeugkoffer" im Gehirn besitzen, der uns befähigt, ein eindeutiges Urteil über den Gemütszustand eines Fremden allein auf Basis seiner Mimik zu fällen [14]. Interessant ist in diesem Zusammenhang, dass negative Eindrücke, zum Beispiel ein wenig vertrauenswürdig erscheinendes Gesicht, deutlicher erkannt wurden als positive. Vergleiche dazu: Abschn. 3.2.5 Die Mimik – der Spiegel unserer Seele.

Grundsätzlich scheinen Gesicht und Mimik die wichtigsten Messinstrumente für die Einschätzung des Charakters zu sein. Dabei wirkt die Mimik unmittelbar auf unser Empathiezentrum. Indem wir die Mimik unseres Gegenübers mit unseren eigenen Gefühlsregungen bei einem solchen Gesichtsausdruck abgleichen, glauben wir zu wissen, was unser Gegenüber fühlt. Einer der renommiertesten Forscher in diesem Bereich ist der amerikanische Neurowissenschaftler Alexander Todorov, der zuletzt Aufsehen mit seiner Studie „First Impression – Making Up Your Mind After a 100 ms Exposure to a Face" [4]. erlangte. Sein Ergebnis: „Weniger als hundert Millisekunden brauchen wir, um alle möglichen Urteile über einen Menschen zu fällen, den wir noch niemals gesehen haben. Ob jemand vertrauenswürdig oder kompetent ist, zum Beispiel. Sie sind nicht immer richtig, aber wir urteilen schnell." Außerdem verändere sich das Urteil des berühmten ersten Eindrucks so gut wie gar nicht, selbst wenn wir einen Menschen länger kennen. Und das gilt für nahezu alle wichtigen Charaktereigenschaften, die wir einem Menschen zuordnen: Attraktivität, Sympathie, Vertrauenswürdigkeit, Kompetenz und Aggressivität. Haben wir uns einmal eine Meinung gebildet, bleibt diese zumindest latent erhalten und wird nur in den seltensten Fällen revidiert. Eher werden wir uns immer sicherer in unserer Meinung, je länger die Beobachtungszeit andauert.

In einer weiteren Studie fanden Alexander Todorov und sein Kollege James S. Uleman heraus, dass Menschen unbewusst aus einzelnen wahrgenommenen Eigenschaften anderer Personen Rückschlüsse auf den kompletten Charakter ziehen [15]. In einem Experiment stellten die Wissenschaftler fest, dass die Teilnehmer an der Studie Gesichtern innerhalb kürzester Zeit Charakterzüge zuordneten und es nahezu unmöglich erschien, diese Verbindung wieder aufzuheben, selbst wenn die Gesichter nur kurzzeitig präsentiert wurden. Ist ein Gesicht erst einmal mit dem Attribut „schüchtern" oder „aufgeschlossen" verbunden, dann bleibt dieser erste Eindruck, selbst wenn diese Verbindung in einem anderen Kontext wieder aufgehoben wird. Auch wenn wir eigentlich anderweitig abgelenkt sind, können wir gar nicht umhin, andere Anwesende zu beurteilen. Es passiert einfach automatisch [15]. Hat ein Beobachter mehr Zeit für eine Einschätzung, ändere sich lediglich die Sicherheit, mit der er sein Urteil fällt, nicht aber das Urteil selbst, heißt es in einer weiteren Studie Todorovs.

Auch die beiden amerikanischen Wissenschaftlerinnen Leslie A. Zebrowitz und Joann M. Montepare weisen in einer Studie [16] nach, dass wir meinen, körperliche und geistige Zustände unseres Gegenübers in deren Gesichtern ablesen zu können. Dazu gehören Faktoren wie der Gesundheitszustand, das Alter oder verschiedene emotionale Zustände. Interessant dabei ist, dass wir aus nur wenigen Informationen, die wir von unserem Gegenüber erlangen, automatisch auf das große Ganze schließen – sozusagen eine einzelne Information auf die komplette Person übertragen. Selbst wenn ein Gesichtsausdruck nur extrem kurz in unserem Blickfeld erscheint und wir glauben, das Gesicht einer Person gar nicht richtig erfassen zu können, hält uns das nicht davon ab, dieses unbewusst zu bewerten. Auch bei Fotos, die Versuchspersonen im Rahmen einer Studie lediglich 13 ms präsentiert wurden, also deutlich unter der Schwelle für eine genaue Wahrnehmung lagen, konnten diese die Attraktivität der entsprechenden Personen auf den Bildern bewerten.

2.3.2 Wohlfühlen macht stark

Doch egal, was wir am Ende aus Gesichtern, Kleidung oder Körpersprache eines Menschen innerhalb kürzester Zeit deuten: Wie sehr können wir uns auf dieses schnelle Urteil wirklich verlassen? Recht gut, heißt es in verschiedenen Studien. Das Interessante daran: Meistens liegen vor allem Menschen mit einem gesunden

Selbstbewusstsein mit ihren Vermutungen gegenüber anderen Personen genau richtig. In ihrer Studie „Personality and Persona: Personality Processes in Self-Presentation" untersuchten die beiden amerikanischen Wissenschaftler Mark R. Leary and Ashley Batts Allen von der Duke University in North Carolina, was genau passiert, wenn Personen sich zum ersten Mal wahrnehmen und sich einen Eindruck von einander bilden [17]. Sie fanden heraus, dass die Art und Weise, wie Menschen von anderen eingeschätzt werden, sehr stark davon abhängt, wie diese sich selbst sehen. Das ist überaus wichtig. Denn damit steht auch fest, dass wir es durchaus selbst in der Hand haben, welchen ersten Eindruck wir vermitteln, sprich: in welche Schublade wir eingeordnet werden. Denn die Persönlichkeit eines Menschen ist offenbar eng damit verbunden, bis zu welchem Grad sie motiviert ist, ihren eigenen Eindruck zu kontrollieren und ihre Selbstdarstellung zu beeinflussen. Darum ist es keineswegs nur Eitelkeit, wenn jemand bei entscheidenden Terminen auf sein Äußeres achtet. Strümpfe mit Laufmaschen, offene Schnürsenkel, zu kurz oder zu lang gebundene Krawatten, zu lange, zu kurze oder verknautschte Hosenbeine oder eine offene Hose signalisieren immer eine gewisse Nachlässigkeit, die sich kein Arbeitgeber sehenden Auges in Haus holen wird.

Auch strahlen Menschen, die sich in ihrer sozialen Umgebung nicht wohl fühlen und eine sich selbst schützende Verhaltensweise an den Tag legen, dieses Gefühl der Unzulänglichkeit nach außen aus. In der Folge wirken sie zurückhaltend und werden als wenig sozial eingeschätzt. Im Umkehrschluss bedeutet dieser

Mechanismus, dass Menschen, die sich selber sehr kompetent fühlen, von anderen auch genauso eingeschätzt werden.

> Wenn wir an unserer Wirkung auf andere Menschen arbeiten und einen möglichst positiven ersten Eindruck machen wollen, müssen wir in erster Linie darauf Einfluss nehmen, wie wir zu uns selbst stehen und an einem nachhaltig positiven Selbstbild arbeiten.

2.4 Halo-Effekt – vom schönen Schein

Neben dem Primacy- und Recency-Effekt bestimmt der Halo-Effekt als weiterer Faktor maßgeblich unsere Wahrnehmung von einem Fremden. Der Halo-Effekt ist dafür verantwortlich, dass wir Eigenschaften von Personen und Situationen, die eigentlich faktisch unabhängig voneinander sind, fälschlich als zusammenhängend wahrnehmen. Zum ersten Mal erwähnt wurde er im Jahr 1907 von dem Wissenschaftler Frederic L. Wells. Später vertiefte sich Edward Lee Throndike [18] während des ersten Weltkriegs in das Thema. Er untersuchte damals, wie Vorgesetzte ihre Untergebenen beurteilten. Auffällig war, dass es große Diskrepanzen zwischen den Bewertungen gab. Denn die Offiziere hatten offenbar besonders gut aussehende Soldaten mit einer guten Körperhaltung auch in Sachen Disziplin, Intelligenz, Kondition und Führungsqualitäten als besonders talentiert eingeschätzt.

Der Halo-Effekt – wobei „Halo" von der englischen Wortbedeutung „halo" für „Heiligenschein" abgeleitet wird – ist dafür verantwortlich, dass ein starker positiver oder negativer Eindruck alle weiteren Merkmale überstrahlt und so keine objektive Einschätzung mehr möglich ist. Dabei wird unter Umständen der Gesamteindruck verfälscht. Besonders ausgeprägt ist der Halo-Effekt, wenn ein Mensch mit einer Eigenschaft besonders stark hervorsticht oder der Beobachter selbst auf spezielle Merkmale besonders großen Wert legt und diese unverhältnismäßig überbewertet. In zahlreichen Studien wurde deutlich, dass äußere Attraktivität unbewusst auf das Zuschreiben von (positiven) Persönlichkeitsmerkmalen abfärbt. Auch dafür ist der Halo-Effekt verantwortlich.

Auch im negativen Fall funktioniert der Halo-Effekt. Ein Parkplatz voller Müll, überquellende Papierkörbe in der Eingangshalle, Staubflocken in den Ecken, verdorrende Grünpflanzen im Wartebereich und ungepflegt wirkende Mitarbeiter am Empfangstresen, sollte sich ein Krankenhaus derart präsentieren, werden Sie weder von der Sterilität des OP-Saals noch von der Qualität der hier tätigen Ärzte überzeugt sein.

Unser Unterbewusstsein reduziert unsere Wahrnehmung auf ein geschlossenes Bild und lässt eventuelle Dissonanzen einfach unter den Tisch fallen, fasst der Buchautor Phil Rosenzweig in seinem Werk „Der Halo-Effekt" zusammen [19]. Zudem nutzt der Mensch diese Fähigkeit, um sich auch dann ein Urteil zu bilden, wenn er gar nicht genügend Informationen dafür besitzt. Sind wir mit einem Produkt eines Unternehmens zufrieden, gehen wir davon aus, dass ein weiteres Produkt der gleichen Firma ähnlich guter Qualität ist. Sicher wissen können wir es jedoch nicht.

2.4.1 Attraktivität macht das Leben leichter

Fair ist es nicht, aber in vielen Fällen bittere Realität: Attraktivität und Sympathie lassen uns im Leben besser vorankommen. Dass es schöne Menschen einfacher haben, ist kein Vorurteil: Wissenschaftliche Studien belegen den Zusammenhang zwischen einem attraktiven Äußeren und dem Zuschreiben von Eigenschaften wie Freundlichkeit, Begabung, Ehrlichkeit und Intelligenz, was vor allem im Business-Bereich zum Tragen kommt. Das beginnt schon mit der Geburt, denn „hübsche" Babys erhalten wesentlich mehr Aufmerksamkeit [20].

Untersuchungen in Kanada haben gezeigt, dass attraktive – also der Wortbedeutung nach „anziehende" – Kandidaten für politische Ämter zweieinhalb Mal so viele Stimmen erhielten wie unattraktive Wettbewerber. Auch bei Bewerbungsgesprächen haben attraktive Menschen eine wesentlich bessere Chance, sogar in der Rechtsprechung hat der Halo-Effekt starken Einfluss: Attraktiven Angeklagten bleibt eine Verurteilung doppelt so häufig erspart wie Menschen, die nicht dem gängigen Idealbild entsprechen.

Dass Attraktivität unser Beurteilungsvermögen beeinflusst, verdeutlicht auch eine Studie der University of British Columbia: Probanden konnten Charakterzüge von physisch attraktiven Menschen bei kurzen Begegnungen deutlich präziser identifizieren als bei unattraktiven [21].

Daraus folgerten die Wissenschaftler, dass wir attraktiven Personen wesentlich mehr Aufmerksamkeit schenken und sie dadurch in vielen Fällen als intelligenter, freundlicher und kompetenter einschätzen.

„Wir beurteilen Bücher nicht nur aufgrund ihrer Covers, sondern wir lesen Bücher mit einem schönen Cover wesentlich aufmerksamer", betont Professor Jeremy Biesanz, der die Untersuchung leitete. Allerdings fügt er hinzu, dass die Studie sich nur auf kurze Begegnungen fokussiert, ähnlich wie die bei einer Cocktail-Party. Zudem fand er heraus, dass Schönheit trotz aller Bemühungen primär im Auge des Betrachters liegt. Testpersonen bewerteten die Personen, die sie persönlich attraktiv fanden, genauer als andere – unabhängig davon, ob sie Dritten attraktiv erschienen oder nicht.

2.4.2 Blondinen bevorzugt

Wenn es um das Thema Schönheit geht, dann sticht ein körperliches Merkmal immer wieder ganz besonders heraus, das bereits in zahlreichen Studien untersucht wurde: die Haarfarbe Blond. Es gibt verschiedene Erklärungsansätze, warum diese Haarfarbe bei Frauen eine solche Faszination hervorruft. Bereits im antiken Rom versuchten Frauen mehr schlecht als recht ihre Haare künstlich aufzuhellen, um sich dem blonden Schönheitsideal zu nähern. Auch in der Kunst werden vermeintlich perfekte Schönheiten mit blonden Haaren gezeigt: die Liebesgöttin Venus, Eva oder eine Muse. Selbst Mutter Maria, die aus dem Nahen Osten stammt und mit großer Wahrscheinlichkeit dunkle Haare gehabt hat, wird überwiegend mit blonden Haaren dargestellt – je nachdem, aus welchem Kulturkreis der Künstler stammte. Der Grund ist simpel: Mit blonden Haaren werden Eigenschaften wie Unschuld,

Reinheit, Sinnlichkeit und Erotik assoziiert – allerdings auch Schwäche, Unterwürfigkeit und Naivität.

Zahlreiche Studien haben den Stereotyp der blonden Frau untersucht. Tatsächlich bewerteten Versuchspersonen anhand von Fotos blonde Frauen eher als schwächer und weniger gescheit als dunkelhaarige Frauen. Einer der wenigen Wissenschaftler, die dieses Phänomen nicht nur als Vorurteil abtun wollte, ist der Psychologe Jerome Kagan, der bei Tests herausfand, dass Kinder mit hellen Pigmenten und blauen Augen wesentlich schüchterner und gehemmter sind als Kinder mit einer dunklen Pigmentierung [22]. Dennoch wäre es ein Vorurteil, Blondinen generell einen geringen IQ zu unterstellen. Den wissenschaftlichen Beweis für das Gegenteil trat jüngst Jay Zagorsky von dem University's Center for Human Resource Research (CHRR) in Ohio an. In seiner Studie mit 10.878 Amerikanerinnen wiesen weiße Frauen mit blondem Naturhaar im Schnitt sogar einen leicht höheren IQ aus als Brünette, Schwarz- oder Rothaarige. Zagorsky geht zwar nicht so weit zu behaupten, dass Blondinen grundsätzlich schlauer seien als andere, aber er erteilt dem Vorurteil von dem blonden Dummchen eine glatte Absage [23].

Trotz dieser Ergebnisse bleibt die Frage offen, warum blonde Frauen als besonders attraktiv gelten. Mittlerweile geht man davon aus, dass Blond für Jugendlichkeit steht, weil die blonde Haarfarbe besonders bei Kindern zu finden ist. Die Formel blond ist gleich jugendlich macht blonde Frauen also begehrenswert, vor allem weil die Biologie hier ein maßgebliches Wörtchen mitspricht. Schließlich haben jugendliche Frauen eine längere Fruchtbarkeitsphase vor sich und verfügen damit über einen – meist unbewusst bewerteten – Fortpflanzungsvorteil.

Blond gleich jugendlich dürfte auch bei dem zweiten Vorurteil, nämlich dass Blondinen weniger intelligent sind als dunkelhaarige Frauen, mitspielen. Wem Kindlichkeit und damit Naivität attestiert wird, dem spricht man konsequenterweise ein gutes Stück an Lebenserfahrung ab. Noch ein weiterer Aspekt der Blondinen-Vorurteile muss in diesem Zusammenhang beachtet werden: Eine „typische Blondine" besitzt nicht nur blonde Haare, sondern hat auch noch andere Attribute wie ein kindliches Gesicht – was wiederum auf Jugendlichkeit schließen lässt.

Wenn also vor allem aus evolutionären Gründen Blondinen bevorzugt werden, darf es nicht wundern, wenn die Reaktionen von Frauen und Männern auf Blondinen unterschiedlich ausfallen. Das unterstrich zuletzt eine Studie der Wissenschaftlerin Tracy Vaillancourt, Psychologin an der Universität Ottawa [24]. Sie fand heraus, dass nicht nur Männer auf starke Sexualsignale von Frauen – lange, blonde Haare, große Brüste, Minirock und schlanke Taille – reagieren, sondern auch Frauen. Vaillancourt konfrontierte weibliche Testpersonen mit ein- und derselben Frau, die jedoch einmal den oben genannten „Idealen" entsprach, in einer zweiten Testreihe eher „langweilig" mit dunklen, zum Zopf gebundene Haaren, grauer Hose und blauem T-Shirt daherkam. Die heimlich gefilmten Frauen zeigten sowohl im Gespräch mit anderen Testpersonen als auch in ihrem Gesicht deutlich ihre Aversionen gegen die „attraktive" Frau, indem sie über sie lästerten, lachten oder ihr böse Blicke hinterher warfen. Für Vaillancourt eine nachvollziehbare Reaktion: Konkurrenten im Fortpflanzungskampf wollen sich ausstechen. Frauen bewerten andere Frauen deutlich negativer, wenn diese aufreizend gekleidet sind.

Fazit: Blonde Frauen habe es generell schwerer, beim ersten Eindruck mit Kompetenz zu überzeugen. Deshalb sollten sich blonde Frauen überlegen, ob sie ihre in der Regel mit zunehmendem Alter dunkler werdenden Haare wirklich wieder komplett hellblond färben – oder ob ein paar dunklere Strähnen nicht zielführender sind, wenn es um fachliche Kompetenz im Berufsleben geht.

2.4.3 Gemeinsamkeiten fördern das Vertrauen

Nicht nur Schönheit, sondern auch Ähnlichkeiten bzw. Gemeinsamkeiten bringen uns fremde Menschen schnell näher. „Je ähnlicher uns andere Menschen im Aussehen sind, desto eher schenken wir ihnen Vertrauen und desto eher sind wir bereit, mit ihnen zu kooperieren", bestätigt Michaela Knecht vom Psychologischen Institut der Universität Zürich. „Eine mögliche Erklärung für dieses Phänomen ist, dass die meisten von uns ein sehr positives Bild von sich selbst haben und sich selber als überdurchschnittlich vertrauenswürdig einschätzen. Wenn uns jemand sehr ähnlich ist, muss er oder sie folglich auch vertrauenswürdig sein. Aus einer optischen Ähnlichkeit wird also auf eine Ähnlichkeit in Werten und Moral geschlossen" [25]. Zahlreiche wissenschaftliche Studien belegen: Gleich und gleich gesellt sich gern. Je ähnlicher sich zwei Menschen sind, desto sympathischer finden sie sich. Vermitteln wir dem Gehirn unseres Gegenübers, dass wir in wesentlichen Punkten seinen Wertvorstellungen entsprechen, signalisieren spezielle Nervenzellen in seinem Gehirn Deckungsgleichheit. In Bruchteilen von Sekunden werden unbewusst – je nach Grad der Übereinstimmung – bestimmte Mengen von Glückshormonen ausgeschüttet. Das Ergebnis: Entspannte Grundstimmung, hohe Aufmerksamkeit, Vertrauen, Sympathie. Geringe Ähnlichkeit kann hingegen zu Verschlossenheit, Abwehrreaktionen, Misstrauen und verdeckten Aggressionen führen.

Das sogenannte Gesetz der Sympathie besagt, dass wir Menschen eher vertrauen, an sie glauben und sie für kompetenter halten, die uns sympathisch sind. Wir verhalten uns automatisch aufgeschlossener und offener, wenn wir es mit uns sympathischen Personen zu tun haben. Wir fühlen uns in ihrer Gegenwart wohler, verhalten uns anders, sind kompromissbereiter und neigen dazu, ihren Ausführungen mehr Wert beizumessen als bei weniger sympathischen Personen. Auch Fehler bewerten wir toleranter [26].

Im Gehirn sorgen unbewusste Prozesse dafür, dass wir uns zu bestimmten Personen hingezogen fühlen. Und dabei geht es nicht nur um das Aussehen und den Kleidungsstil, sondern auch um Interessen, Ideen, Ideologien, Lebensstil, Ansichten, Sprache, Bildung und vieles mehr. Ähnliche Berufe oder gleiche Hobbys werden ebenfalls häufig als positive Einflussfaktoren in zwischenmenschlichen Beziehungen angesehen. Haben wir mit einem Menschen also eines oder mehrere Dinge gemeinsam, lassen sich Ähnlichkeiten entdecken, ist er uns grundsätzlich sympathischer als andersartige Menschen. Manchmal reicht es schon, wenn man zufällig dieselben Marken trägt wie der Gesprächspartner oder beispielsweise durch eine Anstecknadel oder eine Clubkrawatte Zugehörigkeit zu derselben Gruppe signalisiert, um den ersten Eindruck – die entscheidenden Millisekunden – positiv zu überstehen.

Das bedeutet für jedes wichtige Gespräch: Suchen Sie schon im Vorfeld nach Gemeinsamkeiten, die Sie ansprechen können. Wer seine Gesprächspartner vor einem Termin googelt und in deren XING-Profile schaut, findet womöglich Städte oder Universitäten, die beide besucht haben, gemeinsame Gruppen, Interessen oder Kunden, die man ggf. ansprechen kann. Das ist zwar noch keine Erfolgsgarantie, ist man sich allerdings sympathisch, können solche Gemeinsamkeiten verstärkend wirken [27, 28].

Eine aktuelle Studie kommt zu dem Ergebnis, dass wir im Umkehrschluss Personen, denen wir vertrauen, als uns ähnlich einschätzen, vermutlich, weil uns das erfahrene Vertrauen einer Person als Zeichen von Verwandtschaft dient. Aus der empfundenen Ähnlichkeit heraus steigt wiederum unser Vertrauen in die andere Person. Dieser Mechanismus dient vermutlich der Regulation von Kooperation in Gruppen, auf die wir für unser Überleben angewiesen sind [28].

2.4.4 Innere Werte? – Ja, aber …

Nachdem wir jetzt wissen, dass uns nur Bruchteile von Sekunden bleiben, um bei unserem Gegenüber einen positiven ersten Eindruck zu hinterlassen, bekommt der Satz „Verpackung ist alles" eine neue Bedeutung. Wenn

Sie zudem die vielen wissenschaftlichen Untersuchungen beherzigen, die diese These stützen, könnte man zu dem Schluss kommen, dass fachliche Kompetenz und innere Werte völlig irrelevant sind. Aber das stimmt natürlich nicht. Denn ohne Ihre fachliche Kompetenz, die sich doch zumindest auf dem Papier in Ihren Zeugnissen, Beurteilungen, Bewerbungsunterlagen sowie in Ihren Angeboten und Konzepten zeigt, würden Sie ja gar nicht erst eingeladen zu wichtigen (Bewerbungs-) Gesprächen, Verhandlungen oder Wettbewerbs-Präsentationen. Mittel- und langfristig kommt es natürlich auf Ihre inneren Werte und Kompetenzen an – nur kann man diese leider nicht auf den ersten Blick erkennen. Im Geschäftsleben haben Sie in der Regel nur sehr wenig Zeit, um andere von sich und Ihren Fähigkeiten zu überzeugen. Das persönliche Interview in Bewerbungsgesprächen liegt häufig bei nur 20 min bis maximal einer Stunde. Wenn Sie einen Vortrag halten sollen, wird man Ihnen nahe legen, möglichst nicht länger als 20 min zu reden, damit die Zuhörer sich nicht langweilen. Geschäftstermine und Verhandlungen dauern in der Regel eine bis eineinhalb Stunden. Aber wie lange brauchen Sie, um die inneren Werte eines anderen zu erkennen? Das dauert Monate, manchmal sogar Jahre. Also muss klar sein, dass wir besonders im zeitlich eng getakteten Business-Leben in der Regel nur kurze Zeitslots von 20 min bis zu eineinhalb Stunden haben, um einen anderen von uns selbst zu überzeugen. Insofern lautet das Resümee dieses Kapitels:

> Außenwirkung ist nicht alles – aber ohne Außenwirkung ist alles nichts.

Ob Sie nach außen positiv, sprich: sympathisch wirken und wie Sie Ihren Gesprächspartnern einen wertschätzenden Eindruck vermitteln, ist Thema des nächsten Kapitels. Denn Sie brauchen Ihre Außenwirkung keineswegs dem Zufall zu überlassen, Sie können den starken und sympathischen Auftritt erlernen und damit steuern, in welche Schublade Sie aufgrund Ihres ersten Eindrucks gesteckt werden.

Zusammenfassung/Rückblick

* Das Prinzip des ersten Eindrucks, das blitzschnelle Erkennen von Gefahren, sicherte früher (und heute noch) das Überleben – damals in der freien Natur.
* Auch heute braucht unser Unbewusstes nur 100 bis maximal 230 ms für den ersten Eindruck.
* Der erste Moment einer Begegnung entscheidet darüber, wie wir eingeschätzt werden.
* Der erste Eindruck ist der wichtigste für die Bewertung eines Menschen/einer Situation.
* Ein negativer erster Eindruck kann kaum – allenfalls langfristig – abgemildert werden.
* Den Charakter eines Menschen, seinen körperlichen Zustand und seine Emotionen lesen wir an dessen Gesicht und Mimik ab.
* Der erste Eindruck, den wir machen, ist stark davon abhängig, wie wir uns selbst sehen.
* Äußere Attraktivität verbinden wir unbewusst mit positiven Persönlichkeitsmerkmalen.
* Attraktive, sympathische Menschen kommen im Leben besser voran – das gilt auch für politische Ämter, bei Bewerbungsgesprächen oder in der Rechtsprechung.
* Menschen, die uns ähnlich sind, schenken wir eher Vertrauen nach dem Motto: gleich und gleich gesellt sich gern.
* Außenwirkung ist nicht alles – aber ohne Außenwirkung ist alles nichts.

Literatur

1. http://www.faz.net/aktuell/wissen/leben-gene/vorurteile-schubladen-in-unseren-koepfen-14094558.html. Zugegriffen: 31. Mai 2016

2. Das Automatische Gehirn (2013) Die Magie des Unbewussten/Die Macht des Unbewussten, Regie: Francesca D'Amicis, Freddie Röckenhaus, Petra Höfer, Studio Hamburg Enterprises, Juli 2013

3. Dougherty TW, Turban DB, Callender JC (1994) Confirming first impressions in the employment interview: a field study of interviewer behavior. J Appl Psychol 79:659–665

4. Todorov A, Wills J (2006) First impressions, making up your mind after a 100-ms exposure to a face. Psychol Sci 17(7):592–598

5. Fischer L, Wiswede G (2002) Grundlagen der Sozialpsychologie, 2. Aufl. Oldenbourg, München

6. Koch K, McLean J, Segev R, Freed MA, Berry MJ, Balasubramania V, Sterling P (2006) How much the eye tells the brain. Curr Biol 16(14):1428–1434

7. Ritzau-Jost A, Delvendahl I, Rings A (2014) Ultrafast action potentials mediate kilohert signaling at a central synapse. Neuron 84(1):152–163

8. Kreutzer RT, Merkle W (2007) Die neue Macht des Marketing: Wie Sie Ihr Unternehmen mit Emotion, Innovation und Präzision profilieren. Gabler, Wiesbaden, S 308 ff.

9. Seßler H (2011) Limbic sales, Spitzenverkäufe durch Emotionen. Haufe-Lexware, Freiburg

10. http://www.deutschlandradiokultur.de/medizin-das-zweite-gehirn.976.de.html?dram:article_id=295837. Zugegriffen: 11. Mai 2016

11. Matschnig M. http://matschnig.com/files/VerlinkungErster Eindruck.pdf. Zugegriffen: 11. Okt. 2015

12. Freundorfer J. Erster Eindruck-Effekt, Persönlichkeit und Menschenkenntnis. http://www.freundorfer.info/_media/ freundorfer/referenzen/arbeiten/josef_freundorfer_-_erster_ eindruck-effekt_-_handout.pdf. Zugegriffen: 11. Okt. 2015

13. Fiore AM, Kim S (1997) Olfactory cues of appearance affecting impressions of professional image. J Career Dev 23(4):247–263

14. Marzi T, RIghi S, Ottonello S, Cincotta M, Viggiano MP (2012) „Trust at first sight": evidence from ERPs. Soc Cogn Affect Neurosci 9(1):63–72

15. Todorov A, Uleman JS (2003) The efficiency of binding spontaneous trait inferences to actors faces. J Exp Soc Psychol 39:549–562

16. Zebrowitz LA, Montepare Joann M (2008) Social psychological face perception: why appearance matters. Soc Personal Psychol Compass 2(3):1497–1517

17. Leary MR, Batts A (2011) Personality and persona: personality processes in self-presentation. J Pers 79(6):1191–1218. Special Issue: understanding how personlity operates in the social world

18. Thorndike EL (1920) A constant error in psychological rating. J Appl Psychol 4:25–29

19. Rosenzweig P (2008) Der Halo-Effekt. Wie Manager sich täuschen lassen, 3. Aufl. GABAL, Offenbach

20. Langlois JH, Ritter JM, Roggmann LA, Vaughn LS (1991) Facial diversity and infant preferences for attractive faces. Dev Psychol 27:79–84

21. Lorenzo GL, Biesanz JC, Human LJ (2010) What is beautiful is good and more accurately understood: physical attractiveness and accuracy in first impressions of personality. Psychol Sci 21(12):1777. https://doi.org/10.1177/0956797610388048

22. Kagan J (1988) Biological bases of childhood shyness. Science 240(4849):167–171
23. https://news.osu.edu/news/2016/03/21/blond-intelligence/. Zugegriffen: 11. Mai 2016
24. Vaillancourt T, Sharma A (2011) Intolerance of sexy peers: intrasexual competition among women. Agress Behav 37:569–577
25. Knecht M (2015) Gleich und gleich gesellt sich gern. Und umgekehrt. http://www.psychologie.uzh.ch/fachrichtungen/lifespan/erleben/berichte/vertrauen.html. Zugegriffen: 11. Okt. 2015
26. Gesunder Menschenverstand, Gesetz der Sympathie. http://gmv-prinzip.de/wordpress/tag/sympathie/. Zugegriffen: 11. Okt. 2015
27. Schafer J (2010) Let their words do the talking/why our negative first impressions are so powerful. Psychology Today, 21. Dez. 2010
28. Farmer H, McKay R, Tsakiris M (2013) Trust in me: trustworthy others are seen as more physically similar to the self. Psychol Sci 25(1):290–292

3

Starker Auftritt

Jeder Körper erzählt seine Geschichte. Und er erzählt sie zu jeder Zeit. Es ist unsere Geschichte. Wie der Körper „spricht", welche Ausdrucksweise er nutzt, ist Inhalt dieses Kapitels. Mit diesen Informationen werden Sie nicht nur Ihr Gegenüber besser verstehen. Sie werden vor allem in die Lage versetzt, die Sprache Ihres eigenen Körpers aktiv zu nutzen. Dabei ist es von Bedeutung, dass Sie nicht nur die richtigen „Vokabeln" – Haltung, Gesten, Mimik etc. – beherrschen, sondern dass Sie damit auch überzeugen, also echt und authentisch wirken. Mit der entsprechenden inneren Einstellung gelingt das leicht. Dann überzeugt Ihre Körpersprache – so wie das echte Lächeln nicht nur den Mund, sondern auch die Augen strahlen lässt.

Doch auch umgekehrt funktioniert die Verbindung. „Fake it till you make it", lautet der entsprechende Rat,

© Springer Fachmedien Wiesbaden GmbH, ein Teil von Springer Nature 2018
I. Vogelsang und E. Barth-Gillhaus, *Punkten in 100 Millisekunden*, https://doi.org/10.1007/978-3-658-21887-4_3

der darauf abzielt, dass Ihre Körperhaltung bzw. -sprache maßgeblichen Einfluss darauf hat, wie Sie sich fühlen, wie Sie sich „ausdrücken" und was Sie erreichen. „Power Posing" nennt die amerikanische Sozialpsychologin Amy Cuddy dieses „Krafttraining für das Selbstbewusstsein", das Sie in die Lage versetzt zu zeigen, wer Sie wirklich sind und was Sie können [1].

3.1   Die Sprache des Körpers

Wer die Skulptur der „dicke Mann" von Ron Mueck kennt, macht sich keine falschen Vorstellungen mehr von der Deutlichkeit und Eindeutigkeit der Körpersprache. Der australische Künstler schuf unter diesem Titel einen überlebensgroßen, unbekleideten Mann in der Hocke. Dieser hat die Knie dicht an den Körper herangezogen. Darauf abgelegt sind die Arme, von denen einer den Kopf stützt. Der dicke Mann macht sich klein, ist komplett nach innen gekehrt. Ein Kunstwerk, das nicht zufällig zu den Highlights in der Großausstellung „Melancholie. Genie und Wahnsinn in der Kunst" in der Neuen Nationalgalerie (Berlin, 2006) zählte.

Körpersprache ist die älteste Sprache der Welt. Jeder Mann und jede Frau spricht und versteht diese Sprache. Dabei ist es egal, aus welchem Kulturkreis wir stammen und wie alt wir sind. Wir „können" diese Sprache, denn ihr Sprachschatz ist uns zu einem großen Teil angeboren. So belegten beispielsweise die amerikanischen Forscher Tracy und Matsumoto, dass von Geburt an blinde Athleten unterschiedlicher Nationen Freude und Scham unmittelbar nach einem Wettkampf mit denselben Gesten ausdrückten wie ihre sehenden Kollegen. V-förmig zum Himmel gestreckte Arme und ein erhobenes Kinn sind nun mal ein universelles Siegeszeichen. Darüber hinaus verfügt die Körpersprache über Ausdrücke, die kulturell bedingt sind und erlernt werden [2].

Unser Körper spricht immer und von ganz allein. Wissenschaftlichen Schätzungen zufolge besitzen wir unsere ausgebildete Sprachfähigkeit, so wie wir sie heute zur Kommunikation benutzen, erst seit 35.000 Jahren. Zuvor haben Menschen, genau wie Tiere, ausschließlich nonverbal kommuniziert. Seit Jahrtausenden sichern bestimmte Verhaltensmuster wie Droh- und Unterwerfungsgesten, Territorialverhalten oder Erkennungssignale den Tieren das Überleben [3]. Auch bei Menschen ist die nonverbale Kommunikation grundlegend für die Verständigung und nach wie vor gültig. Und das gesprochene Wort ist nur ein kleiner Teil der Kommunikation [4]. Auch die bereits in Kap. 2 erwähnte Studie von Albert Mehrabian ergab, dass 55 % der Kommunikation durch die Körpersprache ausgedrückt und wahrgenommen werden. Im übertragenen Sinne „spricht" die Körpersprache also unüberhörbar laut, sehr deutlich – und sie sagt die Wahrheit.

Wir nutzen Körpersprache, um dem Gesagten mehr Ausdruck zu verleihen. Eine mit ihrem Kleinkind schimpfende Mutter wirkt überzeugender, wenn sie die Hände in der Taille abstützt und sich leicht über das zu rügende Kind beugt. Diese Geste wird auf jeden Fall verstanden. Schließlich ist die nonverbale Kommunikation – Körperhaltung und Gestik – der verbalen mehrere

Millionen Jahre voraus. Kein Wunder also, dass wir in dieser Hinsicht echte Profis sind und in den meisten Fällen die Körpersprache unseres Gegenübers wesentlich stärker wahrnehmen als seine gesprochenen Worte [5, S. 15 ff.].

Und zumindest auf der Beziehungsebene ist es darum zwingend, dass die Körpersprache immer mit der verbalen Kommunikation übereinstimmt [6]. Tut sie dies nicht, wird der Körpersprache mehr Aussagekraft zugesprochen als dem verbal Artikulierten [7, 8]. Schließlich liegen wir beim Decodieren der Körpersprache in vielen Fällen richtig. Körpersprache liefert uns wichtige und nützliche Informationen über uns selbst und andere. Viele haben heute verlernt, ihrer Intuition zu vertrauen. Sie nehmen womöglich die körpersprachlichen Signale ihres Gegenübers wahr, lassen sich dann aber von den gesprochenen Worten einlullen, obwohl sie spüren, dass etwas nicht stimmt.

Allerdings ist häufig auf den ersten Blick erkennbar, ob ein Mensch extrovertiert und authentisch, angespannt und verkrampft oder schüchtern und zurückhaltend ist. Und das sind nur einige der vielen Gemütszustände, die wir allein über das körpersprachliche Auftreten eines Menschen deuten können. Treffen zwei Menschen aufeinander und unterhalten sich, wird der Eindruck oder das, was nach einer Unterhaltung über den anderen in Erinnerung bleibt, in den meisten Fällen eher über dessen Körpersprache transportiert als über das gesprochen Wort.

In Fällen, in denen das gesprochene Wort mit den nonverbalen Signalen des Körpers nicht übereinstimmt, erscheint uns ein Mensch als nicht authentisch. Wir spüren dann etwas, das wir auch als „Bauchgefühl" bezeichnen.

Ein Signal, das uns warnt: Hier stimmt etwas nicht, hier passt etwas nicht zusammen. Weil wir unbewusst weit mehr Informationen aufnehmen, als wir denken, können wir in der Regel nicht einmal konkret benennen, warum wir zum Beispiel glauben, die Herzlichkeit unseres Gesprächspartners wirke aufgesetzt und sei nicht echt. Wer ist denn wirklich in der Lage zu erkennen, dass sein Gegenüber nur mit dem Mund lächelt, sich die Augenpartie aber nicht verändert? Jeder kennt die auf Freundlichkeit gedrillten Verkäufertypen, deren Lächelmaske eher ein Warnsignal ist als eine sympathische Kontaktaufnahme.

> So ist das Lächeln wahrscheinlich seltener ein Ausdruck der Freude, sondern häufiger ein unspezifisch positives partnergerichtetes Signal, das lediglich den sozialen Kontakt sicherstellt [9].

Der Eindruck, den die Körpersprache von einer Person vermittelt, resultiert aus einer Vielzahl unterschiedlicher Hinweise und Signale. Manche Signale können wir nicht einmal beeinflussen. Dabei handelt sich um die sogenannten vegetativen Signale. Dazu gehört zum Beispiel das Erröten, wenn wir verlegen sind oder uns schämen. Oder wir erblassen, wenn wir uns erschrecken oder aufgeregt sind. Derartige Reaktionen werden vom zentralen Nervensystem gesteuert und sicherten den Menschen früher das Überleben. Mit dem Erröten des Gesichts und dem in die Arme/Fäuste schießenden Blut bereitete sich der Körper auf einen Angriff oder eine Verteidigung vor. Und wir erblassen, weil unsere Vorfahren schon vor Millionen von Jahren das Blut zum Flüchten in den Beinen benötigten.

Im richtigen Kontext bieten uns diese Signale also wichtige Hinweise über einen Menschen oder sie zeigen uns auf, dass jemand nicht authentisch ist. Viele Signale sendet der Körper reflexartig aus, sie sind nicht willentlich kontrollierbar. Versuchen Sie mal in eine Zitrone zu beißen, ohne dabei das Gesicht zu verziehen – das wird Ihnen kaum gelingen.

Selbst mit dem besten Training sind nur die Wenigsten in der Lage, ihre tatsächliche Stimmung zu verbergen. Ein Körper kann nicht lügen, denn er ist ein Spiegel unserer emotionalen Verfassung und darum zum Beispiel auch ein wichtiger Hinweisgeber für Ärzte.

Dennoch sind wir geschulten bzw. professionellen Blicken nicht gänzlich ausgeliefert. Trainer und Coaches sind sich nämlich einig, dass wir in der Lage sind, unsere Körpersprache passend zu unserem Charakter zu optimieren. Bis zu einem gewissen Maße können wir unsere Körpersprache beeinflussen und verbessern – unsere Stärken in den Vordergrund rücken und unsere Schwächen kaschieren. Einen sehr genauen Blick für Körpersprache besitzt der Theater-Regisseur, Trainer und Autor Stefan Spies, der seine Klienten nicht auf äußere Wirkung dressiert, sondern ihnen ihr ganz persönliches, körpersprachliches Auftreten bewusst macht – und sie dann darin schult, sensibler mit ihrer nonverbalen Kommunikation umzugehen. Er hält deshalb fest: „Erlernte Körpersprache-Tricks werden häufig entlarvt. Menschen erkennen sehr schnell, ob eine Geste künstlich ist – statt souveräner zu wirken, werden Sie belächelt" [10, S. 22].

3.2 Ausdruck der inneren Haltung

Unsere Körpersprache folgt vor allem unserer inneren Haltung. Wollen wir also den Ausdruck unserer Körpersprache beeinflussen, um sie zu optimieren, müssen wir unsere gedankliche beziehungsweise unsere emotionale Einstellung zu uns selbst verändern. Nur, wenn sich unser Denken und Fühlen verändert, ändert sich unsere Körpersprache authentisch [10, S. 22]. Im übertragenen Sinn gilt also: Unser Körper spricht keine Fremdsprache.

3.2.1 Präsent sein macht sympathisch

Wir überzeugen körpersprachlich, indem wir uns selbst buchstäblich in den Vordergrund rücken. Am besten gelingt das, indem wir Raum einnehmen und Präsenz zeigen. Das bedeutet konkret: Mimik, Gestik und Haltung bewusster einsetzen, egal, ob wir selber reden oder zuhören. Studien haben beispielsweise ergeben, dass Menschen, die sich körpersprachlich und mimisch mehr bewegen als andere, eher als sympathisch angesehen werden als die, die nur wenig Regung in Gesicht und Körper zeigen [11]. Das bedeutet natürlich im Umkehrschluss nicht, dass ein wahrer Zappelphilipp überzeugender wirkt als ein ruhiger Mensch. Die Erkenntnis besagt vielmehr, dass uns die Menschen sympathischer sind, bei denen wir Emotionen – vielleicht auch nur ansatzweise – erkennen können.

Dabei sind wir vor allem dann authentisch, wenn wir uns in einer Gesprächssituation wohl fühlen. Das bedeutet:

Wenn Sie jemanden im Gespräch von sich überzeugen wollen, finden Sie ein Thema, das Ihnen liegt. Wenn Sie das Gespräch zu Ihrem Heimspiel machen, wird Ihre Körpersprache automatisch mitspielen und Sie wirken authentisch. Stefan Spies empfiehlt: „Nehmen Sie eine Situation, in der Sie das unangenehme Gefühl haben, von anderen bewertet zu werden, nicht als gegeben hin, sondern ergreifen Sie selbst die Initiative. Sie reagieren nicht mehr auf mögliche Anforderungen anderer, sondern agieren, indem Sie mit einer klaren Haltung auftreten" [10, S. 35].

Für eine klare Haltung braucht man nicht viel. Der entsprechende dominante Auftritt ist durch folgende Ausstrahlungsmerkmale gekennzeichnet: Ein ernster oder regungsloser Gesichtsausdruck gepaart mit einem leicht in den Nacken gelegten Kopf und einem hüftbreiten Stand zeugt von Standfestigkeit und Stärke. Sind die Hände in die Hüften gestemmt oder vor dem Oberkörper verschränkt, wird dieser Eindruck noch verstärkt. Zwar wirken Sie in dieser Position nicht gerade sehr verbindlich. Aber in ernsten Gesprächssituationen oder wenn Sie sich Respekt verschaffen wollen, ist das ja auch nicht Ihre Absicht.

Machtspiele

Abschauen können Sie sich dabei einiges von Menschen in Führungspositionen und manchen Politikern. In vielen Fällen sind es subtile Gesten wie ein respektvoller Blick, große ruhige Gesten oder gezielte kurze Berührungen, die unmittelbar klar stellen, welche Position die jeweiligen Personen innehaben. Schon während der Begrüßung

können Sie bei Politikern in vielen Fällen kurze Macht-
kämpfe beobachten. So legt zum Beispiel der körperlich
nicht besonders große Wladimir Putin gern noch die linke
Hand auf die seines Gegenübers, wenn dieser ihm zur
Begrüßung seine rechte Hand reicht. Dasselbe machten
aber auch George Bush, Mohammed Mursi und andere
Politiker bei der Begrüßung von Staatsbesuchern. Wir
kennen das von dem Spiel mit kleinen Kindern, wer seine
Hand zuletzt oben auf den Händen der anderen hat, ist der
Gewinner ... Aber Achtung, wir reden hier nur über berufliche Situationen. Eine alte Dame, die Ihnen zur Begrüßung
freundlich die Hand tätschelt, will sicherlich keine Über-
legenheit zum Ausdruck bringen! Auch wenn ihr das Alter
durchaus die „Oberhand" zubilligt.

Solche Spiele mit der Macht lassen sich bei vielen
Politikern beobachten, vor allem, wenn es um Foto-
shootings für die Medien geht. Eine weitere typische
Machtgeste bei der Begrüßung ist die Berührung des
Gegenübers am Oberarm. Man reicht die rechte Hand
und berührt gleichzeitig mit der linken Hand den anderen
am rechten Oberarm – je höher, je besser. Das konnte
man sehr gut bei Angela Merkel beobachten, nachdem
sie Kanzlerin geworden war. Bei jedem Besuch hat sie im
wahrsten Sinne des Wortes „höher" gegriffen und meistert
solche Situationen – bewusst oder unbewusst – heute
ganz selbstverständlich und souverän. Gerade Frauen
durchschauen leider die Wirkung solcher Zeichen noch
zu selten. Oder sie scheuen sich, diese Gesten bewusst
zu erwidern und ordnen sich damit automatisch unter.
Nehmen Sie also körpersprachliche Machtsignale bewusst

wahr und trauen Sie sich, den anderen zu spiegeln, wenn es für Sie notwendig ist.

Gerade bei der Begrüßung befinden wir uns schließlich immer noch in der erweiterten Phase des ersten Eindrucks – und der Händedruck zahlt ein auf das Konto Sympathie und Kompetenz. Bestimmt haben Sie auch schon Personen erlebt, die Ihnen die rechte Hand gegeben und gleichzeitig mit ihrer linken Hand Ihr Handgelenk umklammert haben. Das macht Sie quasi bewegungsunfähig – Sie fühlen sich „gefangen". Sympathisch ist das nicht, aber machtvoll. Es reichen also schon bei der Begrüßung kleine Gesten aus, um Ihren Gesprächspartnern die Machtverhältnisse klar zu machen. Dieses Wissen sollten Sie nutzen, um Ihre eigene Position zu untermauern und klare Signale an Ihre Verhandlungspartner zu senden. Eine starke Stimmlage, das Unterbrechen des Gesprächspartners oder ungeahndetes Zu-spät-Kommen sind Teile des Machtkampfs, weil sie Dominanz über andere Menschen verkörpern [12]. Aber auch eine gewisse Ruhe auszustrahlen, indem Sie hektische Bewegungen und Lautstärke vermeiden, kann die Präsenz im Raum verstärken. Versuchen Sie sich zu entspannen, auch wenn es Ihnen in bestimmten Situationen schwerfällt. Das gelingt möglicherweise mit einer optimistischen Einstellung, die Sie aus vergangenen Erfolgen schöpfen können. Lassen Sie diese wie einen Film vor Ihrem inneren Auge ablaufen, bevor Sie eine anstrengende Situation zu meistern haben [10, S. 45].

3.2.2 Haltung für eine selbstbewusste Ausstrahlung

Vielen Menschen ist nicht bewusst, dass allein ihre Haltung schon vieles über ihren Gemütszustand oder ihre Persönlichkeit aussagt. Ein aufrechter, sicherer Stand mit erhobenem Kopf wirkt selbstbewusst und strahlt Stärke aus. Wussten Sie, dass rund 90 % der Menschen ihre komplette Körpergröße und damit die Chance auf einen starken Auftritt nicht ausschöpfen?

Fachleute sprechen mit Blick auf die Körperhaltung von zwei verschiedenen Varianten: Dem Hochstatus, der Sie über andere dominieren lässt, und dem Tiefstatus, in dem Sie dominiert werden.

Hochstatus

Mit dem sogenannten Hochstatus – bei dem Kopf und Nase hoch getragen werden – verbindet man eine souveräne, selbstbewusste Ausstrahlung. Natürlich sollten Sie nicht übertreiben, um nicht arrogant zu wirken. Allein in dem Moment, in dem Sie „Kopf hoch" denken, richten Sie sich in der Regel automatisch auch mit dem gesamten Oberkörper auf. Aber dabei nicht ins Hohlkreuz gehen und vorn die Brust raus strecken, sondern nach oben, als ob Sie ein Marionettenspieler an einem Faden, der am Brustbein befestigt ist, aufrichtet.

Der Hochstatus zeichnet sich durch einen (schulter-) breiten, festen Stand aus, die Gestik ist dynamisch, der gesamte Körper aufgerichtet und der Blick eher von oben nach unten gerichtet [10, S. 28]. Das hat nichts mit körperlicher Länge zu tun. Denn selbst die größte Person im Raum, die faktisch alle anderen überragt, muss nicht automatisch überzeugend wirken. Ein in sich zusammen gefallener Brustkorb erweckt einen schüchternen und unbeholfenen Eindruck. Genau so kann eine sehr kleine Person mit einem geöffneten Brustkorb und erhobenem Haupt unglaubliche Autorität ausstrahlen. Unterschiedliche Größenverhältnisse können aber auch ganz einfach ausgeglichen werden, indem Sie – wenn Sie eher klein sind – das Gespräch im Stehen vermeiden und Distanz wahren. Führen Sie wichtige Gespräche im Sitzen, damit Sie sich „auf Augenhöhe" begegnen können und nicht zu Ihrem Gegenüber aufschauen müssen.

> **Tiefstatus**
>
> Typische Merkmale für den Tiefstatus sind hingegen ein zurückgezogener, sich klein machender Körper, ein wackliger, unsicherer Stand, bei dem die Füße – und damit auch die Beine – eng zusammenstehen sowie sparsame Gesten, die wenig Raum einnehmen. Schaut diese Person ihr Gegenüber dann auch noch von unten nach oben an und achtet dabei permanent auf einen großen Abstand, ist die Position klar.

3.2.3 Mit gutem Standpunkt überzeugen

Auch die Stellung der Beine sagt einiges über die Verfassung eines Menschen aus. Wer auf dem linken Bein steht, wird in diesem Moment mehr vom Gefühl bestimmt. Wer auf dem rechten Bein steht, ist in dem Moment mehr vom Kalkül bewegt. Wechselt jemand während des Gesprächs immer wieder von einem auf das andere Bein, pendeln seine Gefühle hin und her. Profis empfehlen für eine souveräne Ausstrahlung einen schulterbreiten Stand. Stehen die Beine allerdings weiter auseinander, kann dies vom Gegenüber auch als Angriff oder Macho-Gehabe gewertet werden.

Aber Achtung, hier gibt es kulturelle Unterschiede. Männer aus Südoder Osteuropa stehen meistens breiter als Männer aus Nord- und Westeuropa. Beim Stehen lassen sich auch interessante Unterschiede zwischen Männern und Frauen beobachten. Während Frauen unbewusst aus ihrem alten Rollenverständnis heraus gewohnt sind, wenig Raum einzunehmen und so gut wie nie schulterbreit stehen (schon gar nicht mit Rock), müssen sich viele Männer fragen lassen: „Wie breit sind Ihre Schultern wirklich?" … Die Empfehlung lautet entsprechend für Frauen: Nehmen Sie mehr Raum ein in Situationen, in denen Sie ernst genommen und gehört werden wollen. Das gilt für Ihr Berufs- genauso wie für Ihr Privatleben. Betreten Sie einen Raum im Hochstatus, aufgerichtet, mit erhobenem Kopf, Schultern zurück und die Ellenbogen seitwärts etwas ausgefahren, indem Sie die Hände oberhalb des Bauchnabels halten. Demonstrieren Sie einen guten „Standpunkt", indem Sie schulterbreit stehen und dabei die Fußspitzen leicht nach außen drehen.

In dieser Körperhaltung finden Sie Beachtung und werden wahrgenommen. Sie passt gut für den wichtigen ersten Eindruck und überzeugt, wenn Sie reden und gehört werden wollen. In dem Moment, in dem Ihr Gesprächspartner das Wort ergreift, können Sie Präsenz „rausnehmen", indem Sie Ihr Gewicht auf ein Bein verlagern und das andere etwas abknicken. Wichtig für Frauen: Bitte dabei nicht die Hüfte nach links oder rechts raus schieben (das ist ein erotisches Signal und hier völlig fehl am Platz!). Vielmehr sollten Sie ein Knie leicht nach vorn fallen lassen. Stellen Sie sich am besten vor einen Ganzkörperspiegel und nehmen Sie ganz bewusst verschiedene Körperhaltungen ein. Frauen werden sehen, um wie viel überzeugender sie wirken, wenn ihre Füße nur 5 bis 10 cm weiter auseinander stehen. Wenn Sie breiter stehen, fühlen Sie sich auch automatisch anders. Es werden weniger Stresshormone ausgeschüttet. Männer werden merken, dass weniger manchmal mehr ist und eine professionelle Ausstrahlung nicht zwangsläufig mit einem extrem breiten Stand einhergeht.

3.2.4 Gesten verstärken die Sprache des Körpers

Ein nach oben gereckter Daumen als Ausdruck des Lobes. Ein leichtes Kopfnicken als subtile Zustimmung für sein Gegenüber, ohne diesen im Sprachfluss zu unterbrechen. Auch das Entfernen eines unsichtbaren Fussels auf dem Jackett ist eine von vielen Gesten, die Bestandteil der Körpersprache sind und oft unbewusst eingesetzt werden. Mit unseren Gesten begleiten, unterstreichen, verstärken wir die Sprache unseres Körpers. Wir regulieren mit unseren Gesten sozusagen die Lautstärke der Körpersprache. Paul Ekman, amerikanischer Psychologe und Anthropologe, der weltweit als einer der profiliertesten Experten in Sachen „nonverbale Kommunikation" gilt, unterscheidet sie in vier Gruppen: Embleme, Illustratoren, Adaptoren, und Regulatoren [13]. Die ersten drei Kategorien sollen im Folgenden genauer betrachtet werden:

Embleme – Vokabeln der Körpersprache

Die deutlichsten Symbole, die der Körper aussenden kann, sind die Embleme. Genauer gesagt sind es körpersprachliche Ausdrücke, für die es eine direkte verbale Übersetzung gibt [14, S. 137 ff.]. Ein Schulterzucken, wenn Sie sich nicht sicher sind. Das Kopfschütteln oder Nicken. Der „Stinkefinger". Oder eine Zahl, die sie mit der entsprechenden Anzahl ihrer Finger zeigen: All das sind sprachersetzende Kommunikationsmittel, mit denen sie Ihrem Gegenüber ganz klar etwas kommunizieren. Aber Achtung: Embleme sind genauso wenig kulturübergreifend gleich wie Sprachen. Sie werden wie Vokabeln erlernt und haben somit nicht automatisch in allen Kulturkreisen dieselbe Bedeutung. Und hier liegt die Gefahr: Wir nutzen „unsere" Embleme oft unbewusst und können damit in anderen Regionen der Welt ziemlich ins Fettnäpfchen treten. In Deutschland und vielen anderen europäischen Ländern bedeutet der erhobene Daumen „super" oder „gut". Unter Tauchern ist es ein Signal für das Auftauchen, in Südamerika hingegen eine Beleidigung.

Ein weiteres Beispiel ist das „V", das mit dem Zeige- und dem Mittelfinger angedeutet wird. In den meisten westlichen Kulturen ist es eine Zeichen für „Victory" = „Sieg", zum Teil auch „Peace", also „Frieden". In asiatischen Ländern jedoch kann es als ein Unterstreichen des Lächelns gedeutet werden. Dies erklärt auch, warum viele Asiaten auf Fotos mit diesem Fingerzeichen mit den Fingern posieren.

Illustratoren – Zeichen verstärken

Bei den sogenannten Illustratoren handelt es sich um Gesten, die das gesprochene Wort begleiten, und zwar die Bewegungen des Kopfes, der Arme und Hände sowie der Mimik. Genau wie Embleme sind sie kulturspezifisch und damit sozial erlernt [14, S. 144 ff.]. Anders als die Embleme haben sie jedoch keine eindeutige Bedeutung, die statt eines Wortes oder Satzes geäußert wird, sondern unterstreichen das gesprochene Wort. Sie unterschieden sich in

- Rhythmus-Gesten,
- bildhafte Gesten,
- metaphorische und
- Zeigegesten.

Rhythmus-Gesten verleihen Äußerungen Nachdruck. Das kann sowohl durch Arme und Hände erfolgen, aber auch durch die Mimik, zum Beispiel Anheben der Augenbrauen. **Bildhafte Gesten** ahmen das gesprochene Wort nach. Beschreibt jemand die Größe eines Gegenstandes und verdeutlich diese mit den Händen, ist auch dies eine bildhafte Geste. Eine ruckartige Bewegung beim „Schnee von gestern" ist eine **metaphorische Geste.** Wenn jemand auf einen Gegenstand zeigt oder Ihnen zum Beispiel einen Weg erklärt und dabei in die Richtung zeigt, in die Sie fahren müssen, ist das eine Zeigegeste.

Die Illustratoren verraten viel über den emotionalen Zustand eines Menschen, vorausgesetzt man weiß, wie intensiv ein Mensch grundsätzlich mit Illustratoren kommuniziert. So nutzen Italiener erfahrungsgemäß häufiger entsprechende Gesten zur Unterstützung des gesprochenen Wortes als zum Beispiel Briten oder Asiaten.

Dort werden sie zum Teil sogar als unhöflich oder aggressiv angesehen. Grundsätzlich gilt darum, dass Illustratoren bei Aufregung, besonderer Verärgerung oder emotionaler Erregung zunehmen, bei Langeweile, Angst oder Traurigkeit abnehmen [14, S. 147 ff.].

Adaptoren schaffen Ruhe

Noch deutlicher in die Gefühlswelt eines Menschen lassen uns die sogenannten Adaptoren blicken. Es handelt sich dabei um Beruhigungsgesten. An ihnen können wir ablesen, wie wohl sich ein Mensch in einer Situation gerade fühlt. Steigt die Häufigkeit dieser Gesten im Verlauf eines Gesprächs, merken wir, dass unser Gegenüber gestresst ist und sich unbehaglich fühlt. Der Körpersprache-Experte Dirk W. Eilert unterscheidet hierbei zwischen Selbst-, Fremd- und Objekt-Adaptoren. Sie alle zeichnen sich durch Berührungen aus, so zum Beispiel Kratzen oder Berühren im Gesicht, das Streichen der Handinnenflächen an den Oberschenkeln oder das Spielen mit den eigenen Haaren – dies alles sind Selbst-Adaptoren. Das Spielen mit einem Kugelschreiber, das Richten der Krawatte oder das Glattstreichen einer Bluse, die gar nicht faltig ist, sind Beispiele für die sogenannten Objekt-Adaptoren. Bei Fremd-Adaptoren kommen Teile des eigenen Körpers mit Teilen eines fremden Körpers in Berührung. Zum Beispiel, indem man den anderen am Ärmel zupft, um seine Aufmerksamkeit zu gewinnen [15].

Wissenswert: Die Blinzelfrequenz

Steigt bei einem Menschen während eines Gesprächs die Blinzelfrequenz an, ist das ein sehr zuverlässiges Zeichen dafür, dass die Person unter Stress steht. Schon drei- bis fünfmaliges Blinzeln hintereinander ist in der Regel bereits ein verräterisches Signal. Wichtig ist bei der Einschätzung jedoch, dass das Blinzelverhalten bei jedem Menschen unterschiedlich ist. Normalerweise blinzelt man 10- bis 15 mal in einer Minute, also alle vier bis sechs Sekunden. Somit muss bei der Steigerung der Blinzelfrequenz immer das normale Verhalten Grundlage der Bewertung sein. Beispiel ist hier Frau von der Leyen. Sie zeigt auch in normalen Gesprächen über ganz alltägliche Dinge eine sehr hohe Blinzelfrequenz. Also kann man bei Interviews, in denen es beispielsweise um Fehlfunktionen von Waffen der Bundeswehr geht, nicht auf einen erhöhten Stresspegel schließen, nur weil sie eine relativ hohe Blinzelrate erkennen lässt.

Die Sprache der Hände

Auch der Händedruck ist Teil des ersten Eindrucks. So haben Studien [16]. ergeben, dass Menschen mit einem festen Händedruck grundsätzlich als extrovertiert und offen eingeschätzt werden und häufig einen positiven ersten Eindruck hinterlassen. Besonders bei Frauen spielt dies eine wichtige Rolle – und zwar stärker als bei Männern.

So sollten fast hundert Studierende der University of Iowa Personalchefs die Hände schütteln, welche die Bewerber anschließend bewerteten. Das Ergebnis war eindeutig: Die Personalchefs schlossen aus einem schwungvollen und dynamischen Händedruck auf eine extrovertierte Persönlichkeit. Solche Menschen gelten als selbstbewusst und begeisterungsfähig. Dass tatsächlich ein Zusammenhang zwischen diesen Eigenschaften besteht, ergaben die Studien der Universität in Iowa ebenfalls [17].

Für einen kraftvollen Händedruck müssen Frauen kein Krafttraining absolvieren. Vielmehr ergab die Studie, dass Bewerberinnen den Bewerbern in puncto Händedruck nicht nachstanden. Denn von den Bewerberinnen erwarten Personalchefs gar keinen so starken Händedruck. Dennoch wurden Frauen mit festem Händedruck umso positiver eingeschätzt. Frauen punkteten zudem damit, dass sie den festen Händedruck durch mehr Augenkontakt und eine offene Körpersprache unterstrichen.

3.2.5 Mimik – der Spiegel unserer Seele

Kinder sind Spezialisten beim Lesen von Gesichtern. Eine Kunst übrigens, die auch Tiere beherrschen. Hunde zum Beispiel können menschliche Gesichtsausdrücke bzw. Emotionen am menschlichen Gesicht erkennen, und das sogar bei unbekannten Personen, wie Forscher der Veterinärmedizinischen Universität Wien nachwiesen: „Unsere Studie belegt, dass Hunde zwischen wütenden und freudigen Gesichtsausdrücken bei Menschen unterscheiden können", sagt Studienautor Ludwig Huber.

Ob sie dabei jedoch auch immer deren Bedeutung verstehen, sei allerdings unklar. Es spreche aber einiges dafür, dass die Hunde ein lächelndes Gesicht als positiv, ein wütendes Gesicht hingegen als negativ empfinden, berichten die Forscher im Fachmagazin „Current Biology" [18].

Während die tierischen Hausgenossen auf diese Fähigkeit angewiesen bleiben, verlernen die Menschen im Laufe des Erwachsen-Werdens jedoch immer mehr, dem Gesichter-Lesen und damit ihrer Intuition zu trauen.

Warum? Weil sich Kinder, die noch nicht sprechen können, komplett auf die Mimik anderer Menschen verlassen müssen, um mit ihnen zu kommunizieren. Solange Kinder mit Sprache und Worten noch nicht viel anfangen können, sind sie stark auf nonverbale Signale angewiesen. Je besser die Sprache beherrscht wird, desto unwichtiger erscheint es dem Menschen, Nonverbales deuten zu können. Doch glücklicherweise ist es wie beim Fahrradfahren: man verlernt das Decodieren nonverbaler Codes, auch der Mimik, nicht komplett.

Tief im Inneren bleiben wir spezialisiert darauf, die Gesichter anderer zu deuten und mimische Signale blitzschnell zu entschlüsseln [5, S. 17 ff.]. Neben Erkenntnissen wie Geschlecht, ungefähres Alter und mögliche Charakterzüge entscheiden wir in Millisekunden anhand der Mimik, ob unser Gegenüber sympathisch ist oder nicht. Nur das Gesicht ist in der Lage, sämtliche Emotionen abzubilden. Grund sind die vom limbischen System gesteuerten Muskeln, die unmittelbar mit unserem Gefühlszentrum verbunden sind.

Verräterisch sind vor allem die sogenannten Mikroexpressionen. Das sind kurze, unwillentliche und emotional ausgelöste Gesichtsausdrücke, die sich nur für Sekundenbruchteile zeigen [14]. Der Mimikexperte Dirk W. Eilert schließt daraus: Ein echtes Pokerface gibt es nicht, beziehungsweise erst nach circa 500 ms, wenn wir unser Gesicht unter Kontrolle haben.

Die Mimik liefert also wichtige Hinweise darauf, was in einem Menschen vor sich geht. Zum einen drückt sie Emotionen aus, aber auch kognitive Prozesse und unterstützt in einer Unterhaltung das gesprochene Wort.

Dabei wird in der Wissenschaft zwischen sieben Basis-emotionen unterschieden: Angst, Überraschung, Ärger, Ekel, Verachtung, Trauer und Freude.

Eine Sonderform nimmt die Schmerz-Mimik ein, die nicht nur physisch verursacht wird, wenn wir wirklich körperliche Schmerzen empfinden, sondern auch psychisch. Das passiert zum Beispiel, wenn wir einen Preis als zu hoch empfinden. In unserem Gesicht zeigt sich das in Form von subtilen Schmerz- oder Ekel-Signalen [14].

3.2.6 Der Klang der Stimme

Auch Tonfall und Stimme sind wichtige Faktoren für einen überzeugenden Auftritt. Viel zu oft vertrauen wir darauf, dass wir mit Inhalten überzeugen und unsere Ausdrucksweise nebensächlich ist. Ein Trugschluss, denn der Klang unserer Stimme spielt eine maßgebliche Rolle und kann sogar mittelmäßigen Inhalt positiv wirken lassen. Wer hat nicht schon einmal während eines schlichten Telefonkontakts vermeintlich einen Traumpartner bzw. eine Traumpartnerin gefunden – allein aufgrund der sympathischen, wohlklingenden Stimme? Eine Verlockung, der man lieber nicht nachgeben sollte, wie die Erfahrung vieler unsanfter Landungen beim ersten realen Treffen zeigt.

Mithilfe unserer Stimme können wir also großen Einfluss darauf nehmen, wie wir bei anderen Menschen ankommen. Sie ist ein eindeutiges Erkennungsmerkmal, das nur sehr schwer zu verfälschen ist. Wir sehen es deshalb als zuverlässigen Indikator für die Bewertung einer

Person an. Sie hat maßgeblichen Einfluss darauf, ob wir andere von uns überzeugen können oder nicht, ob wir jemanden sympathisch oder unsympathisch finden. Denn die Stimme ist der unmittelbare Zugang zum Gefühlsleben unseres Gegenübers, sie ist ein unterschwelliger Türöffner, ein Eisbrecher und Brückenbauer. Sie kann aber auch genauso zum „Verräter" werden.

Denn genau wie die Gesichtsmuskulatur ist die Stimme unmittelbar mit dem limbischen System verbunden, und das ist für sämtliche Zwischentöne verantwortlich: Bei Traurigkeit klingt die Stimme tiefer und kraftloser, Desinteresse und Frust lässt eine Stimme flach und monoton wirken. Die Redewendung, dass Angst oder Stress einem „die Kehle zuschnüren", hat hier ihren Ursprung.

Tatsächlich funktioniert das Wissen über den Zusammenhang von Stimmung und Stimmlage bzw. Tonalität sogar in Sprachen, die wir nicht verstehen. Selbst dann können wir einschätzen, was der andere fühlt oder zum Ausdruck bringt [19].

Einige Menschen haben Glück, andere nicht: Nicht jeder ist von Natur aus mit einer wohlklingenden, sympathischen Stimme gesegnet. Das Positive: Ähnlich wie das persönliche Auftreten lässt sich auch die Stimme trainieren. Jeder Mensch hat eine sogenannte Indifferenzlage in der Stimme. Das ist der Ton, der entsteht, wenn die Stimmbänder ganz entspannt vibrieren. Forscher haben festgestellt, dass wir überzeugender wirken, wenn wir in diesem Eigenton sprechen. Allerdings haben sich viele Menschen angewöhnt, höher oder tiefer als in ihrer persönlichen Stimmlage zu sprechen. Wollen wir mit unserem gesprochenen Wort überzeugen, müssen wir aber lernen, um unseren Eigenton herum zu artikulieren. Dann wirkt eine Stimme authentischer, die Worte kommen weniger angespannt und natürlicher „rüber". Entfernt sich dagegen eine Stimme dauerhaft aus dem Bereich der Eigenstimme, was zum Beispiel bei Aufregung der Fall sein kann, spüren Zuhörer dies und empfinden die Worte und damit sogar den Sprecher als nicht authentisch oder sogar unangenehm.

In einer Unterhaltung ist die Zeit für einen guten Eindruck ähnlich kurz wie beim ersten Blick. Auch für die Sprache gilt: die ersten 30 s einer Begegnung sind am wichtigsten. Dabei spielt besonders die Satzlänge eine wichtige Rolle. Je kürzer Sätze in einer Konversation sind, desto mehr Interesse haben Gesprächsteilnehmer an ihrem Gegenüber. Auch die Sprechgeschwindigkeit sagt viel über den Gemütszustand einer Person aus und kann darum ein entscheidender Faktor sein, wenn es um die Ausstrahlung von Souveränität geht. Besonders viele Intellektuelle – darunter vor allem Frauen – neigen dazu, unter emotionalem Stress ihre Sprechgeschwindigkeit zu erhöhen. Bei vielen Menschen hat genau das zur Folge, dass sie relativ schnell abschalten. Aber unabhängig vom Geschlecht wirkt eine massive Steigerung der Silbenzahl grundsätzlich als unangenehm oder überfordernd. Auch wenn der Sprechende mit der stärkeren Geschwindigkeit unbewusst eigentlich genau das Gegenteil bezwecken will – nämlich das Gesprochene zu unterstreichen [20, S. 41].

Studien haben zudem ergeben, dass besonders erfolgreiche Männer oft eine sehr tiefe Stimme haben. Professoren der Duke University und der University of California haben die Stimmen von rund

800 Führungskräften untersucht und versucht, einen Zusammenhang zwischen Tonlage und Position herzustellen [21]. Und tatsächlich: Je tiefer die Stimme, desto größer die Firma der Führungskraft beziehungsweise desto höher das durchschnittliche Einkommen. Warum das so ist, konnten die Wissenschaftler zwar nicht explizit feststellen, jedoch vermuten sie, dass in größeren Unternehmen mit vielen Entscheidungsträgern sich die Männer mit tiefen Stimmen besser behaupten können.

Auch evolutionsbedingte Gründe erscheinen naheliegend: Weitere Studien haben gezeigt, dass Männer mit tiefen Stimmen häufig mehr Kinder zeugen, was – besinnen wir uns auf Charles Darwin – einen biologischen Vorteil darstellt. Bis heute ist dies noch so stark in unseren Köpfen verankert, dass es bei der Besetzung von Führungspositionen eine Rolle spielt. Eine Tatsache, auch wenn viele, die sich für rational halten, jetzt protestieren möchten.

3.3   Die Erfolgsrezepte der Männer

Frauen sind sich des Einflusses von nonverbaler Kommunikation oft nicht ausreichend bewusst – und nutzen sie nicht für ihre Zwecke. Das resultiert aus der kulturellen und gesellschaftlichen Prägung, einem überholten Rollenverständnis oder einfacher Unkenntnis. Früher waren Frauen in erster Linie schmückendes Beiwerk starker Männer, welche unangefochten die Entscheidungen trafen und als Familienoberhaupt regierten. Einen Platz in der Öffentlichkeit nahmen eher Männer als Frauen ein, die sich um Familie und Haushalt zu kümmern hatten. Doch obwohl sich seit den 70er Jahren mit der Emanzipation viel geändert hat und Frauen ihren Platz in der Gesellschaft deutlich vergrößert haben, hat das unbewusste Erbe der Mütter, Großmütter und früherer Generationen weiterhin Einfluss auf das Verhalten auch moderner Frauen. Besonders, wenn es um Hierarchien geht, sind es oft Männer, die aufgrund ihrer Körpersprache selbstsicherer und überzeugend rüberkommen. Frauen haben in diesem Bereich noch enormen Nachholbedarf.

Grundsätzlich fällt es vor allem Frauen schwer, für sich selbst Werbung zu machen. Sie hegen oft die stille Hoffnung, entdeckt und befördert zu werden. Doch der Wettbewerb ist groß. Frauen kommen nur weiter, wenn sie ihre Karriere selbst in die Hand nehmen, sich aktiv bewerben, dabei selbstbewusst auftreten und dafür sorgen, wahrgenommen zu werden. „Brav- und Bescheidensein haben im Business nichts zu suchen" [22, S. 31 ff.].

Interessanterweise sind es immer die gleichen Fehler, die Frauen begehen. So tun sie sich in Meetings, Gesprächen und in der Gruppe viel schwerer damit als Männer, Raum einzunehmen. Doch gerade im Berufsleben ist es unumgänglich, sich den nötigen Respekt zu verschaffen, sich zu behaupten oder einfach wahrgenommen zu werden. Auch wenn in Sachen Gleichberechtigung Fortschritte gemacht und in Unternehmen Frauen gezielt gefördert werden, sind es immer noch Männer, die sich mit raumgreifenden Gesten Platz und damit Macht verschaffen. Und es sind Frauen, die ihnen diesen Platz viel zu oft unbewusst freiwillig einräumen.

Frauen machen sich oft mit mädchenhaften Gesten klein, legen den Kopf schief, lächeln häufig und haben Hemmungen, ihr Territorium mit ihrer Körpersprache zu behaupten sowie in Gesprächen das Gesagte mit entsprechenden Gesten zu unterstreichen. Kein Wunder also, dass ihnen in den meisten Fällen nicht allzu viel zugetraut wird. Viele Frauen tendieren dazu, in unvertrauten Situationen viel zu leise zu sprechen und Blickkontakt zu vermeiden. Häufig zu beobachten ist der Dekolleté-Griff, bei dem sich Frauen unterhalb des Halses in die Blusenöffnung fahren und – wenn vorhanden – mit der Kette spielen [22, S. 31]. Aber es ist gar nicht so schwer: Schon mit einer aufrechten Sitzhaltung und einem überzeugenden, forschen Blick können Frauen relativ einfach eine souveräne Ausstrahlung vermitteln. Auch die Fähigkeit, einen Moment der Stille auszuhalten, kann Wunder wirken. „Der Verzicht auf Worte und der Einsatz einer aggressiven Wortlosigkeit kann vernichtend sein", bringt es Peter Modler auf den Punkt [20, S. 41].

Dass ein Lächeln in vielen Lebenslagen Türen öffnet, ist bekannt. Mit der Studie „Smiling in a Job-Interview: When less is more" belegen Forscher jedoch, dass in einigen Lebenssituationen auch in dieser Hinsicht weniger mehr ist. So haben sie herausgefunden, dass besonders bei Bewerbungsgesprächen ein freundliches Lächeln zu Beginn und zum Ende des Gespräch förderlich ist, jedoch während der Unterhaltung ein ernster Gesichtsausdruck den Gesprächspartner überzeugt – besonders, wenn es sich dabei um einen Job handelt, bei dem der potenzielle Kandidat viel Verantwortung übernehmen muss [23] (Abb. 3.1).

Abb. 3.1 Frauen sollten körpersprachlich mehr Raum einnehmen.
© Jan Rieckhoff

Aber gerade Frauen zeigen oft einen permanenten „Lächel-Reflex". Damit wollen sie zum einen Freundlichkeit ausdrücken, weil sie glauben, dass das der Situation angemessen sei (soziale Erwünschtheit). Zum anderen überspielen sie damit ihre Unsicherheiten.

Doch Dominanz wird nicht durch soziales Lächeln oder Freundlichkeit vermittelt, sondern eher durch selbstbewusste Direktheit bzw. eine zielorientierte Ausdrucksweise. Die Managementtrainerin Marion Knaths führt in ihren Vorträgen immer wieder aus, dass auch heute noch emanzipierte Mütter (und Väter) ihre Töchter regelmäßig dazu auffordern, zu lächeln bzw. „nicht so ein unfreundliches Gesicht zu machen", während ihnen das bei ihren Söhnen gar nicht auffällt. „Aus denen soll ja schließlich mal etwas Ordentliches werden". Abgesehen davon: Warum sollte man/frau lächeln, wenn die Situation ernst ist?

Signale der Macht

Eine typisch weibliche Geste ist das Schieflegen des Kopfes. Dabei handelt es sich um eine klassische Unterwerfungsgeste, die auch im Tierreich zu beobachten ist. Denn Tiere bieten mit dieser Schiefhaltung dem überlegenen Rudelführer ihre Halsschlagader zum Biss an zum Zeichen ihm dafür, dass sie sich unterordnen und ihm seine Position nicht streitig machen wollen. Insofern ist es ratsam, in Situationen, in denen Sie andere von Ihren Ideen überzeugen wollen, gerade und aufrecht auf ihrem Stuhl zu sitzen oder im Hochstatus zu stehen. So wirken Sie kompetent und überzeugend. Männer halten ihren Kopf übrigens auch schief in Situationen, in denen sie unbewusst Unterwerfung signalisieren – beispielsweise beim privaten Kennenlernen eines potenziellen Sexualpartners. Also schauen Sie genau hin, wer den Kopf zur Seite neigt, wenn Sie mit ihm sprechen …

Dies ist nur ein Beispiel für von Männern geprägte Erfolgsrezepte oder – um im Bild zu bleiben – Vokabeln der Körpersprache, die Frauen übernehmen und in eigener Art machtvoll einsetzen können. Wenn ein Mann einen Raum betritt, trägt er den Kopf hoch, seine Schultern sind breit. „Er kann vor lauter Wichtigkeit kaum gehen", heißt es im Volksmund. Aber diese „Sprache" wird verstanden. In kürzester Zeit steht er einem anderen Mann gegenüber, die Füße mindestens schulterbreit auseinander, die Fußspitzen immer leicht nach außen gedreht. Ein weiteres Machtsignal, das selbstverständlich auch bei Frauen funktioniert.

Weg mit der Handtasche

Doch was passiert stattdessen, wenn Frauen einen Raum betreten, in dem sie niemanden kennen, und Kontakte machen wollen? Sie klammern sich an ihre Handtasche und ziehen die Schulter hoch, damit diese nicht rutscht. Gleichzeitig pressen sie ihre Ellenbogen an den Körper, um auch damit die Tasche zu fixieren und halten die Tasche mit der rechten Hand am Schulterriemen fest. Wenn diese Frauen beim Betreten des Raums nicht automatisch ein Glas in die Hand gedrückt bekommen, nehmen sie gern auch noch die linke Hand an den Riemen der Tasche und halten sich sozusagen mit beiden Händen daran fest. Dabei stehen die Füße ganz eng beieinander und die Knie sind zusammengedrückt. Ein Erziehungsrelikt aus früheren Zeiten, in denen Mütter ihre Töchter ermahnten „Kind, nimm die Beine zusammen." Frauen sind gewohnt immer eng zu stehen, doch so überzeugen sie niemanden.

Darum gilt für alle Frauen, die einen Raum betreten und Eindruck hinterlassen bzw. Kompetenz vermitteln wollen: Kopf hoch. Ellenbogen weg vom Körper. Sich nicht an der Handtasche festklammern, sondern diese schnellstmöglich auf den Fußboden stellen oder auf einem Stuhl ablegen und eine überzeugende Körperhaltung einnehmen.

Auch, wenn „frau" einen Rock, ein Kostüm oder ein Kleid trägt, steht sie schulterbreit. Der Steh-Test vor dem heimischen Spiegel wird alle Zweiflerinnen überzeugen: Ein schulterbreiter Stand sieht deutlich professioneller und kompetenter aus als eng zusammenstehende Beine und Füße.

Hände hoch!

Noch überzeugender wird die Haltung, wenn sich die Hände oberhalb des Bauchnabels befinden. Studien belegen, dass die Handhaltung in dem Bereich zwischen Bauchnabel und Taille als positiv eingestuft wird. Denn wenn sich die Hände in dieser Höhe befinden, sind die Ellenbogen automatisch zur Seite ausgefahren und wir nehmen dadurch Raum ein. Kann man zwischen Ellenbogen und Taille hindurch gucken, wirkt das dynamisch. Werden dagegen die Hände unterhalb des Bauchnabels gehalten, z. B. vor dem Schoß verschränkt, sprechen wir auch von der sogenannten Freistoßhaltung. Sie ist – wie auch die Oberlehrerhaltung mit hinter dem Rücken verschränkten Händen – vor allem bei Männern sehr beliebt. Allerdings leidet darunter die kompetente Ausstrahlung. Auch, wer seine Arme einfach nur an der Seite schlaff runterhängen lässt und womöglich redet, ohne seine Hände zur Untermalung zu benutzen, wirkt wie ein flügellahmer Adler und hat nichts von einer kompetenten, überzeugenden Person an sich. Negativbeispiele finden sich häufig auf Gruppenfotos. Die „Kleinen" müssen naturgemäß nach vorn und sollen dann auch noch eine gute Figur abgeben. Da sieht man dann lauter verlegene „Freistoßhaltungen" und flügellahme Adler bei den Männern oder auch erotisch wirkende Körperhaltungen bei den Frauen, seitlich stehend, mit kecken Blicken über die Schulter und aufreizend nach vorn heraus gedrehtem Fuß … Professionell wirkt auch hier der Hochstatus mit Händen in Höhe der Körpermitte.

Da es offenbar vielen schwer fällt, ihre Hände professionell und ruhig zu halten, während sie vor Publikum oder in Netzwerksituationen stehen, hört oder liest man immer wieder die Empfehlung: „Nehmen Sie doch etwas in die Hand", woran Sie sich „festhalten" können. Leider handelt es sich bei den ausgewählten Gegenständen oft um Kugelschreiber, die die Betreffenden dann während ihres Vortrags auf- und zudrehen bzw. die Miene rein- und rausklicken. Manche Zuhörer führen schon Strichlisten, wie oft es das entsprechende Geräusch dazu gibt – und sind mit ihrer Konzentration überhaupt nicht mehr bei den Inhalten. Da der Vortragende während seiner Rede in der Regel einen hohen Adrenalinspiegel hat, nimmt er selbst das laute Klicken gar nicht wahr. Technisch interessierte Männer schrauben den Kuli aus Versehen auch gern mal ganz auf – und dabei ist schon so manche Feder direkt ins Publikum gesprungen. Auch dicke Marker sind keine gute Variante, da die meisten Redner, die vielleicht gerade am Flipchart oder Whiteboard geschrieben haben, sich mit dem noch offenen Stift in der Hand umdrehen, um Fragen der Zuhörer zu beantworten. Und da alle gelernt haben, wie wichtig der Blickkontakt mit dem Publikum ist, versuchen sie dann – nicht immer erfolgreich – die Kappe ohne Hinzugucken wieder drauf zu setzen. Das Ergebnis sind „bunt" angemalte Hände, die ebenfalls vom Gesagten ablenken.

Insofern lautet die Empfehlung, wenn Sie unbedingt etwas zum Festhalten brauchen, nehmen Sie doch Ihren Daumen! Den haben Sie immer dabei und daran lässt sich in der Regel auch nichts klicken oder schrauben. Halten Sie einfach lose mit der einen Hand den Daumen der anderen – entweder waagerecht oder auch, indem Sie mit der einen Hand eine lose Faust vor der Körpermitte machen und den oben liegenden Daumen ebenfalls lose mit der anderen Hand umfassen. Dabei kann der Handrücken der rechten Hand sowohl nach oben als auch nach unten zeigen. Beides geht. Eine weitere Möglichkeit ist, die mit der einen Hand lose geballte Faust in die andere, nach oben geöffnete Hand zu legen. Das hat etwas Dynamisches und vermittelt den Eindruck, Sie wollen – und können auch – etwas bewegen.

> **Haltung macht selbstbewusst**
>
> Auch das Platznehmen am Tisch kann typisch weiblich und typisch männlich ausfallen. Frauen schieben häufig ihren Stuhl ganz nah an den Tisch und wirken damit unsicher und eingeklemmt. Werden dann noch die Arme mit gefalteten Händen auf den Tisch gelegt und die Ellenbogen eng an den Körper gepresst, ist die Wirkung eher brav und unsicher als kompetent und überzeugend. Diese Haltung vermittelt an das Unterbewusstsein der anderen am Tisch, dass Sie beten nach dem Motto: „Lieber Gott, mach, dass ich mit meinen Argumenten gehört werde, dass mein Projekt abgenickt wird".

Männer hingegen schieben ihren Stuhl weit nach hinten – weg vom Tisch – und legen den Ellenbogen hinten über die Stuhllehne oder auf die Armlehne. Die Botschaft: Er macht sich breit und nimmt Raum ein. Dazu schlägt er (meistens) das rechte über das linke Bein, setzt sich so hin, dass der Fuß des einen Beines auf dem Knie des anderen liegt. Keine nachahmenswerte Haltung für Frauen – zumal nicht im Rock. Aber auch Frauen können ihren Stuhl vom Tisch wegschieben, um Raum einzunehmen. Sie können ebenfalls den Arm über die Stuhllehne oder auf die Armlehne legen und ebenfalls die Beine übereinanderschlagen. In derart aufrechter Haltung signalisieren Frauen auch noch im Sitzen Kompetenz und Präsenz.

Probieren Sie es aus: In dieser Haltung fühlt sich „frau" stärker und das eigene Selbstbewusstsein wächst.

Das bedeutet für Sie: Achten Sie auf körpersprachlichen Signale – sowohl auf Ihre eigenen als auch auf die Ihres Gesprächspartners. Aber Gestik, Mimik, Auftreten und Verhaltensweisen werden nur dann überzeugen, wenn Sie von einem gesunden Selbstbewusstsein aus von Innen heraus wirken. Sie können allerdings Ihre Gefühle mit entsprechenden Powerposen des Körpers beeinflussen. Die amerikanische Sozialpsychologin Amy Cuddy von der Harvard Business School ist eine der führenden Protagonisten, die aus der wissenschaftlich nachgewiesenen Erfahrung – „Your body language shapes who you are" – die Technik des „Power Posing" entwickelt hat [24].

3.4 Power Posing – Krafttraining für das Selbstbewusstsein

Mit Hilfe des „Power Posing" sind Sie tatsächlich in der Lage, durch eine entsprechende Körperhaltung – durch das Einnehmen von Macht-Posen – Ihr Bewusstsein zu verändern. Daraus resultiert ein entsprechend

„machtvolleres" Verhalten, sprich: eine überzeugende Präsenz. Die eigene Körpersprache hat also nicht nur Einfluss darauf, wie wir von anderen gesehen werden, sondern auch darauf, wie wir uns selbst sehen. In Studienreihen wies die amerikanische Sozialpsychologin Amy Cuddy nach, wie das Einnehmen von „Macht-Posen" Einfluss auf Dominanz- (Testosteron) und Stress- (Cortisol) Hormone hat. Eine Wirkung, die sogar dann einsetzt, wenn Sie sich gerade so gar nicht mächtig oder selbstbewusst fühlen. Nur zwei Minuten genügen, um diese Wirkung zu erzielen und die eigenen Erfolgschancen zu steigern.

Wer zum Beispiel für zwei Minuten einen Bleistift zwischen den Zähnen hält, um die Mundwinkel oben zu halten (oder auch ohne Bleistift so lange lächelt), wird sich glücklicher fühlen und positiv wirken. Um vieles mehr können Sie Ihre Wirkung steigern, wenn sie ebenfalls in nur zwei Minuten Ihr Machtgefühl bzw. Ihr eigenes Selbstbewusstsein steigern. Nehmen Sie diese kurze Zeit eine Machtposition ein und halten Sie diese. Sie werden sich anschließend nicht nur besser fühlen, sondern auch überzeugender wirken. Zwei Minuten vor einem Einstellungsgespräch, einem Vortrag, einem beruflichen Test oder vor ähnlichen Situationen, die Ihre Ergebnisse merklich verbessern werden.

Den Beweis erbrachte Amy Cuddy in einem Versuch. Sie ließ 61 Studenten in einer kurzen Vorbereitungszeit von nur fünf Minuten entweder eine offene machtbewusste oder geschlossene machtlose Körperhaltung einnehmen. In dieser Zeit sollten sich die Studenten über ihre Stärken bewusst werden, welche sie bei einem anschließenden Interview für ihren Traumjob ins Feld führen sollten. Die Interviews wurden gefilmt und anschließend ausgewertet. Und die machtbewusste Körperhaltung führte tatsächlich zu den erfolgreicheren Kurzinterviews. Die Studenten, die vor dem Interview die Hände in die Hüften gestemmt hatten, präsentierten sich danach besser als ihre Kommilitonen mit den verschränkten Armen. Die Machthaltung hatte die Studenten in der Interviewsituation nonverbal überzeugender gemacht, sie begeisterter wirken lassen. Sie erhielten häufiger eine Einstellungsempfehlung.

Ein überzeugender Test, der sogar eine Langzeitwirkung hat. Denn Power Posing ist keine Vortäuschung falscher Tatsachen, sondern versetzt Sie vielmehr in die Lage zu zeigen, wer Sie wirklich sind und was Sie können. Und das ist von Dauer. Wenn Sie Power Posing immer wieder anwenden, müssen Sie die Power eines Tages nicht mehr nur „posen", dann werden Sie diese Power tatsächlich haben. Power Posing ist eine Art Krafttraining für Ihr Selbstbewusstsein. Amy Cuddy: „Fake it until you make it".

3.5 Chamäleon-Effekt: Spiegeln als sozialer Klebstoff

Unsere Körper kommunizieren völlig unbewusst miteinander. Wir können kaum etwas dagegen tun: Gähnt zum Beispiel unser Gegenüber, fangen wir kurze Zeit später ebenfalls an zu gähnen – und das, obwohl wir gar nicht müde sind. Oder ein Fremder im Bus lächelt uns an und wir lächeln unvermittelt zurück. Warum passiert das?

Beim sogenannten Chamäleon Effekt handelt es sich um die unbewusste Nachahmung von Gesten, Haltungen und Stimmungslagen. Verliebte Paare neigen ebenso dazu wie Freunde oder auch neue Bekanntschaften: Man greift gleichzeitig zum Glas, schlägt das gleiche Bein über das andere etc. Chartrand und Bargh haben nachgewiesen, dass besonders Mikrogesten wie Lächeln, Gähnen, Nasekratzen oder einen Schluck trinken ansteckend wirken [25, 26, 28].

Danach ahmten Probanden, die sich zum ersten Mal begegneten, Berührungen im Gesicht bereits zu 20 % nach, das Übereinanderschlagen von Beinen erfolgte sogar zu 50 %. Vorausgesetzt, die betreffenden Menschen sind sich sympathisch bzw. mögen sich. Diesem Verhaltensmimikry (mimicry englisch für „Nachahmung") wird evolutionär eine wichtige zwischenmenschliche Aufgabe zugeschrieben, es gilt als eine „Art sozialer Klebstoff" [25, 26, 28].

Dafür zuständig sind die sogenannten Spiegelneuronen [27], die einen Teil des Resonanzsystems in unserem Gehirn bilden. Die Kognitions- und Neurowissenschaft hat dafür das „Common Code Approach"-Modell definiert. Es geht davon aus, dass sich Wahrnehmung, Ausführung und Vorstellung von Bewegung eine gemeinsame Domäne im Gehirn teilen [25, 26, 28].

Durch die Spiegelneuronen besitzen wir außerdem die Gabe, uns in andere hineinzuversetzen, empathisch zu sein – in gewissen Fällen das nachzuempfinden, was andere fühlen, sei es Trauer, Glück oder Mitleid. Spiegelneuronen reagieren auf das, was wir wahrnehmen, und zwar so, als hätten wir es selbst erlebt.

Die Entdeckung der Spiegelneuronen ist noch gar nicht so lange her. Erst 1992 entdeckte der Neurophysiologe Giacomo Rizzolatti diese Nervenzellen in einer Hirnregion, die für die Planung und Ausführung von Bewegungen verantwortlich ist [29]. Wenn wir sehen, wie sich jemand beim Kochen in den Finger schneidet, empfinden wir ein unbehagliches Gefühl und können nachempfinden, wie sich der Schmerz anfühlt. Forscher gehen davon aus, dass diese Spiegelneuronen zwischen dem dritten und vierten Lebensjahr voll entwickelt sind. Doch bereits wenige Tage nach der Geburt sind Kinder in der Lage, erste Gesten ihrer Eltern zu spiegeln [29].

Wissenschaftler haben mittlerweile bewiesen, dass sich die zwischenmenschliche Interaktion beim Spiegeln – sei es bewusst oder unbewusst – auf die Sympathie, die wir unserem Gegenüber entgegenbringen, auswirkt. Den beiden Wissenschaftlern Michael J. Hove und Jane L. Reisen gelang es mit Experimenten zu beweisen, dass der Grad an Synchronität der Bewegung zeigt, was zwei Menschen von einander halten [30]. Andere Studien zeigen, dass sich nicht nur die Bewegungen an sich angleichen, sondern nach relativ kurzer Zeit auch die Gehirnaktivität zweier Menschen synchroner wird [31].

Umgekehrt kann innerhalb eines Gesprächs aus sich nähernder Haltung, Intonation oder gewissen Verhaltensweisen zweier Menschen ein harmonisches Gesprächsklima abgelesen werden. Aus diesen Erkenntnissen kann ein zentrales Kommunikationsmittel abgeleitet werden: Das bewusste Spiegeln des Gegenübers, um eine positives Gesprächsklima zu erzeugen. Indikatoren für ein gut laufendes Gespräch sind Merkmale wie Sprechtempo,

Lautstärke oder Wortwahl, die sich immer mehr anpassen. Die eigentlich unbewusste Spiegelung kann also von Profis gezielt genutzt werden, um eine Distanz zwischen zwei Menschen abzubauen. Die Betonung dabei liegt auf *Profis:* Denn es nützt in schwierigen Gesprächssituationen nichts, sein Gegenüber plump zu kopieren oder nachzuäffen. Nur mit viel Übung sind Menschen in der Lage, dieses Phänomen zu nutzen und es als Technik punktuell in passenden Situationen einsetzen.

Zusammenfassung/Rückblick

* Der Mensch kommuniziert permanent mithilfe seines Körpers
* Körpersprache ist angeboren, älter als unsere Sprachfähigkeit, wirkt unmittelbarer und wird in jedem Kulturkreis verstanden
* Darüber hinaus verfügt Körpersprache über erlernte, kulturell bedingte Ausdrucksmöglichkeiten
* Körpersprache verrät die eigenen Gefühle und lügt nicht
* Wir können unsere Körpersprache optimieren, um Stärken in den Vordergrund zu rücken und Schwächen zu kaschieren
* Wir überzeugen körpersprachlich, indem wir Machtsignale aussenden
* Hochstatus kommuniziert Dominanz
* Gesten, Stand und Körperhaltung begleiten, unterstreichen, verstärken Ihre Körpersprache
* Mimik ist die ersten 500 ms außer Kontrolle
* Auch die Stimme ist Türöffner und/oder Verräter
* Regelmäßiges Power Posing steigert das Selbstbewusstsein und führt zu machtvollerem Verhalten

Literatur

1. Carney DR, Cuddy AJC, Yap AJ (2010) Power posing: brief nonverbal displays affect neuroendocrine levels and risk tolerance. Psychol Sci 21(10):1363–1368

2. Tracy J, Matsumoto D (2008) The spontaneous expression of pride and shame: evidence for biologically innate nonverbal displays. P Natl Acad Sci https://doi.org/10.1073/pnas.0802686105

3. Ibelgaufts R (1999) Körpersprache: wahrnehmen, deuten und anwenden. Augustus Verlag, Augsburg

4. Lauster P (1997) Menschenkenntnis, 10. Aufl. Econ Verlag, Düsseldorf

5. Eilert DW (2015) Der Liebescode, Wie Sie Mimik entschlüsseln und Ihren Traumpartner finden. Ullstein Buch Verlag, Berlin

6. Asher SR, Erdley CA (1999) A social goals perspective on children's social competence. J Emot Behav Disord 7:156–167

7. Gerstein D, Schubert G (1998) Insiderwissen Bewerbung. Hanser, München

8. Mehrabian A (1972) Silent messages: implicit communication of emotions and attitudes. Wadsworth Publishing Company, Belmont

9. Rosenbusch H, Schober O (Hrsg) (2000) Ellgring, Heiner: Körpersprache in der schulischen Erziehung: Pädagogische und fachdidaktische Aspekte nonverbaler Kommunikation, 3. Aufl., unveränd. Aufl. Schneider Hohengehren, Baltmannsweiler, S 24

10. Spies S (2004) Authentische Körpersprache. Ihr souveräner Auftritt im Beruf– Erfolgsstrategien eines Regisseurs. Hoffmann und Campe, Hamburg

11. Vernon RJW, Sutherland CAM, Young AW, Hartley T (2014) Modeling first impressions from highly variable facial images. P Natl Acad Sci USA 111(32):E3353–E3361

12. Knaths M (2009) Spiele mit der Macht. Wie Frauen sich durchsetzen. Pieper Verlag, München, S 33

13. https://www.psychologie-heute.de/archiv/detailansicht/news/koerpersprache_was_sie_ohne_worte_sagen_und_wie_sie_ihre_wirkung_auf_andere_verbessern_koennen/. Zugegriffen: 24. Okt. 2015

14. Eilert, DW (2013) Mimikresonanz: Gefühle sehen. Menschen verstehen., 1. Aufl. Junfermann Verlag, Herausgeber, S 137 ff.

15. Zakharine D (2015) Von Angesicht zu Angesicht: der Wandel direkter Kommunikation in der ost- und westeuropäischer Neuzeit. UVK, Konstanz

16. Tan JA, Graham KE (2009) What applicants need to know about the interviewing process: separating fact from fiction. The Journal of Workforce Development 5(1):11–21. https://www.researchgate.net/publication/240629666_WHAT_APPLICANTS_NEED_TO_KNOW_ABOUT_THE_INTERVIEWING_PROCESS_Separating_Fact_from_Fiction. Zugegriffen: 21. Nov. 2016

17. https://www.jobmensa.de/ratgeber/karriere/soft-skills/koerpersprache/haendedruck. Zugegriffen: 9. Mai 2016

18. Müller CA, Schmitt K, Barber ALA, Huber L (2015) Dogs can discriminate emotional expressions of human faces. Curr Biol 25(5):601–605. http://www.cell.com/current-biology/abstract/S.0960-9822(14)01693-5?_return-URL=http%3A%2F%2Flinkinghub.elsevier.com%2Fretrieve%2Fpii%2FS0960982214016935%3Fshowall%3Dtrue. Zugergriffen: 21. Nov. 2016

19. http://karrierebibel.de/stimme-trainieren-die-macht-der-stimme/. Zugegriffen: 25. Okt. 2015

20. Modler P (2012) Das Arroganz Prinzip. So haben Frauen mehr Erfolg im Beruf, 3. Aufl. Fischer Taschenbuch, Frankfurt a. M.

21. Mayew WJ, Parsons CA, Venkatachalam M. (2013) Voice pitch and the labor market success of male chief executive officers. http://www.mccombs.utexas.edu/departments/accounting/research/phd-reunion/~/media/82a1df43c311420892cfcf94ef48b8a9.ashx. Zugegriffen: 27. Sept. 2016

22. Schneider B (2009) Fleißige Frauen arbeiten, schlaue steigen auf. Wie Frauen in Führung gehen. Gabel Verlag, Offenbach

23. Ruben MA, Hall JA, Schmid Mast M (2015) Smiling in a job interview: when less is more. J Soc Psychol 155(2):107–126

24. Carney DR, Cuddy AJC, Yap AJ (2010) Power posing: brief nonverbal displays affect neuroendocrine levels and risk tolerance. Psychol Sci 21(10):1363–1368

25. Chartrand TL, Bargh JA (1999) The chameleon effect: the perception behavior link and social interaction. J Pers Soc Psychol 76(06):893–910

26. Chartrand TL, Bargh JA (2002) Nonconscious motivations: their activation, operation and consequences. In Tesser A, Stapel DA, Wood JV (Hrsg) Self and motivation: emerging psychological perspectives. American Psychological Association, Washington, DC, S 13–41

27. Ausdruck Spiegelneuronen. https://de.wikipedia.org/wiki/Spiegelneuron. Zugegriffen: 27. Sept. 2016

28. Stangl W (2008) Multidimensionalität von Kommunikationen. [werner stangl]s arbeitsblätter. http://arbeitsblaetter.stangl-taller.at/KOMMUNIKATION/KommNonverbale2.shtml. Zugegriffen: 8. Nov. 2014 http://www.welt.de/wissenschaft/psychologie/article2463217/Der-Mensch-verhaelt-sich-wie-ein-Chamaeleon.html. Zugegriffen: 8. Sept. 2008

29. Kaufmann S, (2012) Sendung: Alles Nerven-Sache – Wie Reize unser Leben steuern, 10. Okt. 2012
30. Hove MJ, Risen JL (2009) It's all in the timing, interpersonal synchrony increases affilation. Soc. Cognition 27(6):949–960
31. Yun K, Watanabe K, Shimioja S (2012) Interpersonal body and neural synchronization as a marker of implicit social interaction. Sci Rep. https://doi.org/10.1038/srep00959

4

Die Macht der Signale

„Wie Du kommst gegangen, so wirst Du auch empfangen", diesen Kernsatz bürgerlicher Erziehung haben sicher viele noch im Ohr, zumal man ihn vor allem in der pubertären Trotzphase zu hören bekam. Trotzdem trifft die Aussage zu, und wer im Beruf ernst genommen werden will, muss sie beherzigen. Heute mehr denn je, denn gerade in vermeintlich lockeren Zeiten lauern viele Fallstricke. Wie wichtig die richtige Kleidung geworden ist, zeigt als extremes Beispiel die Existenz von Career Gear National, New York, einer 1999 gegründeten Hilfsorganisation, die ehemaligen Häftlingen und Obdachlosen Anzüge samt feinen Hemden, Krawatten und Manschettenknöpfe für deren Vorstellungsgespräche schenkt. Denn schon die richtige Kleidung steigert die Chancen in der Businesswelt und im Leben. Wie der perfekte Business-Auftritt die eigene

© Springer Fachmedien Wiesbaden GmbH, ein Teil von
Springer Nature 2018
I. Vogelsang und E. Barth-Gillhaus, *Punkten in 100 Millisekunden,*
https://doi.org/10.1007/978-3-658-21887-4_4

Persönlichkeit und Kompetenz unterstreicht, ist Thema dieses Kapitels. Sie erfahren, mit welcher Kleidung, welchen Materialien und Farben, welchem Schmuck und welchen Accessoires Sie zu welchem Zeitpunkt die richtige Wahl treffen, um akzeptiert zu werden, mit konkreten Tipps für Männer und Frauen.

4.1 Das eigene Image gestalten

Die äußere Erscheinung eines Menschen beeinflusst, was wir über ihn denken. Im Rahmen zahlreicher entsprechender Studien schreibt unter anderen Professorin Sonja Bischoff vom Lehrstuhl für Allgemeine Betriebswirtschaftslehre an der Universität Hamburg in ihrer fünften Studie seit 2008 über das deutsche mittlere Management:

> Eine erstaunliche Entwicklung hat der Erfolgsfaktor „äußere Erscheinung" seit 1986 genommen. Insbesondere von Männern angeführt, ist es nun auch mehr als ein Drittel der Frauen, die glauben, dass ihre äußere Erscheinung beim Berufseinstieg hilfreich war. Damit hat dieser Erfolgsfaktor den Faktor „persönliche Beziehungen" in der Bedeutung deutlich abgehängt, jedenfalls in der Einstiegsphase.

Die Wirkung des viel zitierten „Vitamin B" nimmt also ab. Denn liegen laut Bischoff in der Aufstiegsphase persönliche Beziehungen mit der äußerlichen Erscheinung noch gleichauf, wächst bei aufstiegsorientierten Führungskräften die Bedeutung der äußeren Erscheinung in der

Beurteilung von Männern und Frauen geradezu sprunghaft an [1].

Schon Ende der 1960er Jahre zeigte der Wissenschaftler Paul N. Hamid von der University of Wellington, dass vor allem der Kleidungsstil maßgeblich mitverantwortlich ist für den Eindruck, den ein Mensch auf uns macht. Seine Untersuchung belegt, dass es übereinstimmende Klischeevorstellungen gibt, die allein auf dem Kleidungsstil beruhen. So wurden Brillenträgerinnen damals als intelligent, gläubig, konventionell und fantasielos klassifiziert. Die Betonung liegt auf „damals", denn in Sachen Brille hat sich der Common Sense von konventionell und fantasielos verabschiedet, schreibt der Sehhilfe sogar ein intellektuelles Image zu (mehr dazu in Abschn. 4.11). Die Wirkung der Kleidung bzw. des äußeren Erscheinungsbildes ist also im Wandel begriffen. Noch aktuell ist die zitierte Studie bei der Beurteilung von Frauen mit starkem Makeup, Kleidung in leuchtenden, auffallenden Farben sowie sehr kurzen Röcken. Hier nannten die Studenten häufig die Begriffe mondän und attraktiv, aber auch unmoralisch.

Der Kleidungsstil trägt signifikant dazu bei, in welche Schublade wir andere Personen stecken. 1991 untersuchten Wissenschaftlerinnen den Einfluss der Kleidung von Schülern auf die Erwartungshaltung und Beurteilung durch ihre Lehrer [2]. Sie stellten fest, dass gut angezogene Schüler als intelligenter [3] galten. Zahlreiche jüngere Studien unterstreichen, dass körperliche Attraktivität den ersten Eindruck von Personen positiv beeinflusst – auch wenn wir uns auf rationaler Ebene vielleicht ein neutraleres Urteil wünschen. Die amerikanische Wissenschaftlerin Olivia Angerosa 2014 untersuchte in ihrer Studie

„Clothing as Communication: How Person Perception and Social Identity Impact First Impressions Made by Clothing", welche Eigenschaften wir Menschen je nach ihrem Kleidungsstil zuordnen, u. a. professionell (Kostüm) und casual (Jeans und T-Shirt). Das Resultat war erwartungsgemäß: In Businesskleidung wurden die Personen selbstbewusster, intelligenter, vertrauenswürdiger, härter arbeitend und erfolgreicher eingestuft als in Freizeitkleidung. Allerdings wurden die Personen in Freizeitkleidung als freundlicher wahrgenommen und man traute ihnen zu, dass sie ein aufregenderes Leben führten als die Kostüm-Trägerinnen [4]. Es gibt sogar Untersuchungen, die belegen, dass Unternehmen mit gut aussehenden Mitarbeitern höhere Gewinne erzielen als andere [5].

Da wundert es wenig, wenn auch die Autorität an der Kleidung bzw. äußeren Erscheinung gemessen wird. So schreibt die österreichische Autorin Elisabeth Motsch in einem Artikel für Genders Dialog Society: „Wer Autorität ausstrahlt, genießt eher Vertrauen". Jeder kennt das: Personen in Uniform erzeugen ein ungutes Gefühl und lassen uns denken: „Habe ich etwas falsch gemacht?" Andererseits signalisieren sie Kompetenz: Wenn wir etwa am Flughafen eine Info brauchen, hilft uns die Kleidung der Auskunftsperson, sie schnell von anderen Personen zu unterscheiden. Begegnen wir einem Mann im Anzug verleihen wir ihm bewusst oder unbewusst mehr Status. Wir neigen dazu, Aussagen von „Anzug-Menschen" mehr als jenen von nachlässig oder „alternativ" gekleideten zu vertrauen. Auch dann, wenn diese möglicherweise höher qualifiziert und kompetenter als die Anzugträger sind. Entscheidend ist eben nicht allein die Qualifikation einer

Person, sondern die Art und Weise, wie sie diese Kompetenz verkauft [6].

Anzug signalisiert Führungsqualität

Auch ein wissenschaftliches Experiment von Verhaltensforschern an der Universität von Texas in Austin beweist: Menschen werden unbewusst von der Art der Kleidung beeinflusst.

Im ersten Versuch trug die Person (ein Schauspieler) einen Anzug, im zweiten nachlässige, abgetragene Freizeitkleidung. Die Versuchsperson musste die Straße bei roter Ampel queren. Es wurde untersucht, ob andere Menschen dem Beispiel folgten. Das Ergebnis: Dem Anzug-Mann folgten viele Menschen trotz roter Ampel, der schlecht gekleideten Person hingegen niemand. Fazit: Für die Mehrheit der Menschen ist es in Ordnung, einer „Autoritätsperson" auch bei roter Ampel zu folgen. Die Versuchspersonen stuften das Vertrauen zu dieser Person unbewusst höher ein, sie fühlten sich sicherer und ließen sich demnach beeinflussen, die Straße bei Rot zu überqueren.

Es ist für uns also von enormer Bedeutung, welches „Bild" (lateinisch „imago") wir abgeben. Wobei der Begriff „Image", den wir heute verwenden, aus der angloamerikanischen Sozialforschung stammt und wesentlich komplexer ist. Image ist die geistige Vorstellung von Lebewesen, Gegenständen oder Sachverhalten. Es entwickelt sich aus einem komplexen Zusammenspiel von Gefühlen, Informationen, Motiven und Handlungsabsichten. Daraus entsteht eine Meinung oder Einschätzung, die unter Umständen weit entfernt ist von den objektiven Gegebenheiten. Ein Bauchgefühl mit realen Folgen. Image ist fluide: Es entwickelt sich im Laufe der Zeit durch interne und externe Einflüsse, kann sich verfestigen, kann sich aber auch ändern. Und manchmal ist diese Veränderung sogar entscheidend für das Überleben. Die Psychologie unterscheidet zwischen Selbstimage, das von einer Person oder Gruppe entwickelt wird, und Fremdimage, das wiederum in Bezug auf eine Person oder Gruppe besteht. Das Vorhandensein von Images ist eine Orientierungshilfe für soziale, aber auch materielle Belange und funktioniert häufig durch selektive Wahrnehmung.

Wesentlich für die Orientierungshilfe Image ist der äußere Eindruck, den Menschen immer hinterlassen, denn eine Null-Kommunikation gibt es nicht [7]. Vielmehr resultiert unsere Außenwirkung in erster Linie zusammen aus unserer körperlichen Attraktivität, unserer Kleidung und Körpersprache. Vor allem die beiden letzten Faktoren können wir selber gestalten und verändern. Das bedeutet aber nicht zwangsläufig, dass Sie sich dabei selber aufgeben müssen. Schließlich spielen wir ganz freiwillig jeden Tag verschiedene „Rollen": Beim morgendlichen Aufwachen sind wir bestenfalls noch ganz wir selbst, um uns dann in Mutter oder Vater zu verwandeln, die dafür sorgen, dass alle Kinder rechtzeitig aufstehen, das Richtige anziehen, frühstücken, Schulbrot mitnehmen und mit gepacktem Ranzen aus der Tür gehen. Berufstätige mutieren dann zur kompetenten Kollegin/zum kompetenten Kollegen im professionellen Büro-Outfit. Erreicht uns in der Mittagspause ein Anruf unserer Eltern, übernehmen wir die Rolle der Tochter oder des Sohnes. Und am Feierabend verwandeln wir uns für das Treffen mit Freunden wieder, ohne dabei jeweils unsere Authentizität aufzugeben. Um nichts anderes geht es bei dem ersten Eindruck, der im beruflichen Rahmen das eigene Fortkommen fördern soll.

Um sich dabei jeweils optimal in Szene zu setzen, sollte man sich im Rahmen der aktuell akzeptierten Regeln und Standards bewegen können. Das bedeutet, dass Sie den Erwartungen anderer bis zu einem gewissen Grad entsprechen müssen(!), um akzeptiert zu werden.

Außerdem wirkt Ihre Kleidung nicht nur auf andere, sondern auch auf Sie selbst bzw. Ihr eigenes Verhalten. Zu diesem Ergebnis kommt der Psychologe Adam Galinsky von der Northwestern Universität in einer Studie, die er gemeinsam mit seinem deutschen Gastforscher Hajo Adam erarbeitete [8]. Die eigene Kleidung beeinflusst sogar maßgeblich, wie wir Dinge, Personen und Ereignisse beurteilen, das belegt die jüngere Forschung mit einer ganz aktuellen Untersuchung [9].

> **Stellen Sie sich jeden Morgen drei zentrale Fragen, bevor Sie das Haus verlassen:**
> 1. Wohin gehe ich heute und wen treffe ich dort?
> 2. Wie will oder muss ich wirken?
> 3. Was ist meine Aufgabe speziell bei diesem Anlass?

4.2   Stil kann man lernen

Es gibt Menschen, die zu jeder Gelegenheit passend und besonders gut gekleidet aussehen. Sie scheinen die weit verbreitete Meinung zu bestätigen, dass man „Stil hat – oder eben nicht". Die gute Nachricht ist: Stil kann man lernen – zumindest bis zu einen gewissen Grad. Und dieser Stil kann dabei durchaus persönlich, also individuell und unterschiedlich sein. Eine Kunst, die man nicht von heute auf morgen beherrscht – aber zum Weinkenner wird man schließlich auch nicht über Nacht.

4.2.1 Guter Stil: angepasst mit individueller Note

Zum individuellen Stil gelangt, wer sich zunächst selbst erkennt bzw. kennenlernt:

* Beantworten Sie sich selbst die Fragen:
* Welcher Typ sind Sie? Welche Stilrichtung gefällt Ihnen am besten?
* Bevorzugen Sie es sportlich oder elegant? Romantisch oder avantgardistisch? Natürlich oder glamourös?
* Selbstkritik erfordert die nächste Frage:

Was steht Ihnen und – nicht ganz unwichtig – was können Sie mit Ihrer Figur tragen?

Übrigens, wer mithilfe der jeweils aktuellen Mode seine Individualität unterstreichen will, ist schlecht beraten. Denn Mode bewirkt eher das Gegenteil, weil Mode als eine auf Zeit und Massenabsatz konzipierte Bekleidung eher uniformiert als individualisiert. Stil hingegen ist das, was jeder Einzelne aus den jeweiligen modischen Trends und Einzelteilen macht, also die ganz persönliche, individuelle Interpretation.

Lassen Sie Ihren Stil auf keinen Fall von der jeweils allerneuesten Mode diktieren.

Entscheidend für die passende Bekleidung ist außerdem, in welcher Branche Sie sich bewegen, welche Position Sie anstreben. Immer stärker in den Fokus rückt natürlich auch die Zielgruppe, mit der Sie es im beruflichen Umfeld zu tun haben. Tatsächlich verschieben sich die Prioritäten bzw. sie passen sich an gesellschaftliche Veränderungen an. Banker zum Beispiel, die bis heute mit ihrem formellen Business-Dress den Eindruck von Seriosität und Vertrauenswürdigkeit vermitteln, begegnen ihren Kunden auch schon mal in legererem Outfit. So änderte im April 2016 die Hamburger Sparkasse die offizielle Kleiderordnung für ihre rund 5000 Mitarbeiter, um auf „Augenhöhe mit den Kunden" zu kommen. Dafür sind nun Hemd, Sakko, dunkle Jeans, sogar T-Shirts und bei Frauen auch offene Schuhe erlaubt. Zwar bleiben Flip-Flops, Jogginghosen, zerschlissene Jeans verboten, aber dennoch kam diese Entscheidung in der Finanzdienstleister-Branche einer Sensation gleich. Bei Terminen außer Haus mit Geschäftspartnern oder anderen Banken-Chefs sowie bei öffentlichen Terminen kann die Führungsetage allerdings auch weiterhin eine Krawatte zum Anzug tragen.

Es ist also wichtig, in wessen Augen Sie beim ersten Eindruck punkten wollen. Wer entscheidet darüber, ob Sie weiterkommen, befördert werden? Analysieren Sie Ihr potenzielles berufliches Umfeld, welche Kleidung ist dort angesagt, welche Farben, Schnitte, Marken? Lassen Sie sich vom Kleidungsstil der Erfolgreichen inspirieren. Soll heißen: Entwickeln Sie ein Gefühl dafür, mit welcher Kleidung Kompetenz und Souveränität verbunden ist. Natürlich kann das branchenspezifisch völlig unterschiedlich aussehen. Ein Journalist ist in der Regel anders gekleidet als ein Banker, ein Steuerberater anders als der Mitarbeiter eines Spiele-Entwicklers. Wo auch immer Sie einen Karrieresprung planen, denken Sie daran, nicht nur mit Ihren Fähigkeiten, sondern auch durch Ihren Stil und die Wertigkeit Ihrer Kleidung zu signalisieren, dass Sie bereit sind für den nächsten Schritt.

Dabei sollten Sie beherzigen: Wer sich nur maskiert, wird nicht mit seiner Persönlichkeit überzeugen. Wer sich also generell mit Anzug und Krawatte nicht wohl fühlt, sollte konservative Branchen meiden, in denen klassische Kleidung inklusive Anzug noch die Regel ist. Denn Businesskleidung hat immer etwas mit der Bereitschaft zu tun, sich den Gepflogenheiten und Regeln seiner Firma anzupassen. Und die Erfahrung zeigt, dass Sie auch in Zeiten sich lockernder Dresscodes mit eher klassischer Kleidung besser fahren als mit zu legerer.

4.3   Dress for Brain

Allerdings beginnen Unternehmen, eine gewisse Lässigkeit zu tolerieren und das nicht nur am Freitag und nicht nur, wenn keine Kundentermine erwartet werden. Anstoß liefert der Arbeitsmarkt, der aufgrund der geburtenschwachen Jahrgänge vielen Unternehmen Nachwuchssorgen bereitet. Im sogenannten „war of talents", im Wettlauf um die besten Nachwuchskräfte [10], ist man offenbar zu Zugeständnissen an die „Generationen Y und Z" bereit.

Denn diese gelten als individualistisch und nicht bereit, sich Regeln zu unterwerfen bzw. will diese lieber selber neu schreiben [11, S. 31–33 und 66–84]. Auch die

Entscheidung von Hans-Otto Schrader, Chef der Hamburger Otto Group, nach der selbst die Vorstände von allen Mitarbeitern geduzt werden sollen, kann vor diesem Hintergrund gesehen werden. „Mit diesem kleinen, aber wirksamen Zeichen wollen wir im Konzern zu einem noch stärkeren Wir-Gefühl kommen. Das ist zum einen über das ‚Du' schlicht einfacher. Zum anderen ist es auch ein äußeres Zeichen, dass etwas Neues beginnt, eine Art verbaler Startschuss für etwas viel Größeres, nämlich unseren Kulturwandel 4.0.", erklärt Schrader seine Entscheidung vom Januar 2016 [12]. Dabei lässt er sich im Anzug – wenn auch ohne Krawatte – abbilden.

Allzu groß sollte eine mögliche Erleichterung über die vermeintlich fallenden Kleiderzwänge im Business-Bereich aber nicht sein. Im Gegenteil: Eine aktuelle Untersuchung [9] amerikanischer Wissenschaftler von 2015 zeigt, dass die Form immer auch den Inhalt prägt. Denn diese Studie weist eine Wechselwirkung zwischen Kleidung und Denken nach. So konnten Probanden in formeller Kleidung (Anzug, Kostüm) abstrakter und ganzheitlicher denken als in legerer Freizeitkleidung – und nahmen darüber hinaus Kritik nicht so persönlich. Interessanterweise war es dabei unerheblich, ob jemand täglich im Anzug ging oder diesen nur ab und zu trug. Der Effekt war immer derselbe.

Dieses Ergebnis ist auch deshalb bemerkenswert, da ja eben die klassische Kleiderordnung immer häufiger infrage gestellt wird, sodass viele Mitarbeiter das Gefühl entwickeln, der ehemals formelle Business-Stil könnte bald mehr oder weniger der Vergangenheit angehören. Abraham Rutchick, Psychologie-Professor und einer der Studienautoren, setzt dem allerdings entgegen: „Formelle

Kleidung anzulegen bewirkt, dass wir uns mächtig fühlen, und das verändert unsere grundsätzliche Sicht auf die Welt". Co-Autor Michael Slepian ergänzt, dass das Anzug-Prinzip unabhängig von den sonstigen Kleidungsgewohnheiten funktioniere: „Egal, wie oft man formelle Kleidung trägt, wenn man sie trägt, ist das meist nicht der intime, gemütliche und sozial nähere Kontext ohne Dresscode." Deswegen profitieren auch gelegentliche Anzugträger von dieser Wirkung [9].

Der Anzug-Effekt könne sich in Zukunft sogar weiter steigern, vermutet Slepian: Gerade weil der Dresscode in Unternehmen eher lässiger werde, könne Kleidung, die nur noch in formalen Situationen getragen werde, ihre Wirkung eher noch verstärken.

Dass sich die Art der Kleidung erheblich auf die Leistungsfähigkeit ihrer Träger auswirkt, ist das Ergebnis einer weiteren Studie. Dabei erwiesen sich die Teilnehmer, die glaubten, einen weißen Arztkittel zu tragen, als deutlich aufmerksamer, als diejenigen, denen gesagt wurde, sie trügen einen weißen Malerkittel: Bei einem Test machten die „Arztkittelträger" nur halb so viele Fehler wie die „Malerkittelträger". Die Wissenschaftler führten das Ergebnis unter anderem darauf zurück, dass allein die geistige Auseinandersetzung mit der Rolle des Arztes oder Wissenschaftlers für eine Schärfung der Sinne sorgt [8].

In einem anderen Experiment wurden Männer und Frauen aufgefordert, ihre Bekleidung im Hinblick auf Formalität zu bewerten. Später wurde mit verschiedenen Tests die Informationsverarbeitung der Probanden gemessen. Die meisten Probanden kamen zum Experiment relativ leger angezogen. Für den zweiten Durchlauf wurden die

Teilnehmer vorher aufgefordert, in formeller Kleidung zu erscheinen. Das Ergebnis: Formell gekleidete Teilnehmer konnten abstrakte Prozesse besser erfassen. Sie dachten eher abstrakt, ganzheitlich und weniger kleinteilig. Das Experiment beweist, dass das Outfit einer Person auch das eigene Denken und die Leistungsfähigkeit beeinflusst.

Ein weiterer Pluspunkt für den Businessdress: Er „schützt" seine Träger/Trägerin. Denn Kritik wirkt auf Männer in Anzügen beziehungsweise Frauen in Kostümen nicht so stark. Sie nehmen sich kritisches Feedback weniger zu Herzen als leger gekleidete Menschen. Letztere zweifeln offenbar eher an ihrem Selbstwert, weil die Perspektive eine persönlichere und weniger abstrakte ist als im Businessdress. Um erfolgreich im Geschäftsleben bestehen zu können, sind also Strategien unerlässlich, die Ihre besonderen Eigenschaften, Leistungen und Kompetenzen auf wirkungsvolle Weise sichtbar machen.

Die gleiche Idee verfolgte die bekannte Fotografin Herlinde Koelbl mit ihrem Fotobuch „Kleider machen Leute" [13]. Sie fotografierte Menschen mit ganz unterschiedlichen Berufen einmal in ihrer Berufskleidung und einmal in ihrer Freizeitkleidung. Niemand bekam Anweisungen, wie er zu stehen oder sich zu bewegen hatte. Das Ergebnis sind faszinierende Bilder, die im Grunde die Studienergebnisse von Adam und Galinsky unterstützen. Unsere Berufskleidung, egal, ob Schonsteinfeger, Krankenpfleger, Bischof, Manager oder Polizist, verleiht uns offenbar nicht nur äußerlich Kompetenz, sondern auch eine ganz bestimmte Autorität. Genau das sieht man in der Haltung und Körpersprache aller Personen auf den Fotos. Auch daraus lässt sich schließen, dass es Sinn macht, sich im

Beruf anders zu kleiden als in der Freizeit, da die „Berufskleidung" uns offensichtlich eine überzeugendere, profes-
sionellere Ausstrahlung verleiht, weil sie auch nach innen
wirkt.

4.4   Vom großen Unterschied

4.4.1 Die Stimmlage

Wir alle brauchen soziale Anerkennung. Irgendjemand
sollte merken, dass wir das Projekt erfolgreich zu Ende
gebracht haben, unser Team souverän führen oder das
neue Produkt überzeugend präsentieren. Lob motiviert
und steigert die Leistungsbereitschaft [11, S. 12 ff.] Männer haben es dabei einfacher als Frauen. Sie sind in der
Regel größer, breiter und rein biologisch auch muskulöser
gebaut. Obendrein haben sie meistens die tieferen Stimmen. Das ist für sie vorteilhaft, denn tiefe Stimmen wirken (siehe Kap. 3) überzeugender als hohe.

Der Grund auch dafür ist biologisch: Wenn sich das
Gehör im Mutterleib ausbildet, erscheinen alle Geräu-
sche, die durchdringen, dunkel und dumpf. Offenbar
eine unbewusste, aber positive „Erinnerung", denn auch
Frauen, die eine dunkle, tiefe Stimme haben, werden häufig als etwas Besonderes wahrgenommen. Sie erreichen
oft beruflich ehemals „typisch männliche" Positionen.
Bekannte Beispiele waren Jutta Limbach, ehemals Präsi-
dentin des Bundesverfassungsgerichts, oder Jana Schiedeck,
ehemalige Senatorin für Justiz und Gleichstellung in
Hamburg.

Der Vorzug einer tiefen Stimme ist nicht vielen Frauen beschieden. Im Gegenteil, wenn Frauen sich aufregen oder ungerecht behandelt fühlen, atmen sie nicht mehr richtig ein, sondern stauen die Luft in der Brust. Das lässt die ohnehin hohe Stimme noch höher, dünner oder schlimmstenfalls schrill klingen. So überzeugen sie aber niemanden!

Fäuste ballen (= Spannung abbauen) und tief ausatmen. Dann in den Bauch einatmen und los geht's automatisch in Ihrer optimalen Tonlage. Das ist wesentlich erfolgversprechender und sowohl beruflich als auch privat anwendbar – etwa beim „Diskutieren" mit pubertierenden Jugendlichen oder beim Disput mit dem eigenen Partner.

4.4.2 Die Uniform der Manager

Im Managermagazin vom Oktober 2011 beschreibt die Diplom-Volkswirtin und Journalistin Ursula Schwarzer, dass bestimmte Roben oder Trachten von jeher die Zugehörigkeit zu Ständen und Berufsgruppen kennzeichneten. Der Variantenreichtum wich im Europa des 19. Jahrhunderts einer Einheitskluft: dunkle Hose und dunkle Jacke aus demselben Stoff, helles Hemd und Krawatte. Seitdem dominiert der Anzug das Geschäftsleben. Mit dem kapitalistischen Wirtschaftsmodell setzte sich die Uniform der Manager weltweit durch. Sie hat fast alle Länder durchdrungen und jede Strömung überdauert. Erst mit der New Economy wurde der Stil lockerer.

Nach dem Platzen der Dotcom-Blase blieben die Jeans erst einmal wieder im Schrank und mit dem Ausbruch der

Finanzkrise verschärfte sich der Trend zur Förmlichkeit noch einmal. Auch wenn es den Anschein hat, dass der Dress Code heute wieder lockerer wird, bezieht sich das immer noch sehr selten auf konservative Branchen oder oberste Führungsetagen. Männerkleidung ist im Berufsleben nach wie vor in der Regel dunkel, glatt und schlicht geschnitten.

Egal ob Anzug oder Jeans, ob Oberhemd oder T-Shirt – die einfache Formel lautet: Der Blick wandert automatisch immer zuerst dahin, wo es hell ist. Unser Blick geht also instinktiv als erstes nach oben (helles Hemd!) – und ist damit bereits ganz nah am Mund, aus dem dann hoffentlich etwas Kompetentes herauskommt! Auch darum sind Haare der Männer eher kurz – abgesehen von vorübergehenden Modeerscheinungen wie in den 70er Jahren oder der ehemaligen Langhaar-Frisur à la David Beckham.

Anders als bei Frauen findet auf deren Köpfen der Männer keine Ablenkung statt durch lange, offene Locken, Schleifen, Haarreifen, Spangen oder Strass besetzte Glitzerkämme. Auch bei Kleiderschnitten sind die Herren eher schlicht: keine Rüschen, Spitzen, Schleifen, Puffärmel, Volants, keine wild gemusterten Tücher oder florale Dessins auf Oberteilen, Röcken und Hosen – stattdessen immer gerade Linienführung, egal ob beim Anzug oder in der Freizeitmode.

Selbst die Jahreszeiten spiegeln sich in dem Businessdress der Männer kaum wieder. Kein Verkäufer wird seinen männlichen Kunden passend zur hellen Jahreszeit Business-Anzüge in den Trendfarben Maigrün, Orange, Kanariengelb oder hautenge Kleidung mit hohem Elastan-Anteil verkaufen. Vielmehr dominieren gedeckte Farben wie Dunkelblau, Dunkelgrau und Schwarz, die weltweit als businesstauglich und seriös gelten [14]. Saisonbedingt kommen im Frühjahr und Sommer zusätzlich Mittel- und Hellgrau sowie alle Naturtöne von Hellbeige über Taupe bis zu Dunkelbraun und Oliv dazu. Denn diese Töne entsprechen der Erwartungshaltung an das Aussehen und Auftreten kompetenter Personen im Geschäftsleben. Das sind die Business-Regeln, die in hunderten von Jahren von Männern gemacht und gelebt wurden.

Darum muss es verwundern, wenn Frauen glauben, dass sie in lustigen, auffallenden und bunten Farben ernst genommen werden. Die amerikanische Firma Pantone kürt zwar alljährlich die Farbe des Jahres und ist dafür verantwortlich, welche Farbe Beauty, Fashion und Interior Design beeinflusst. Im Jahre 2016 bekamen erstmals zwei Farben den Titel, nämlich ‚Serenity' (Hellblau) und ‚Rosenquarz' (Hellrosa), in 2017 war ‚Greenery', ein kräftiges Grün, die Trendfarbe schlechthin und auch in 2018 gibt es mit ‚Ultra Violet' einen satten Farbton. Allerdings müssen sich Frauen die Frage stellen, ob sie im Beruf als „die mit dem knallgrünen Kleid" oder lieber als „die mit dem beeindruckenden Vortrag zum Thema XY" wahrgenommen werden wollen. Josef Ackermann hat 2011 vor laufender Kamera sinngemäß gesagt, er hoffe, wenn in der Deutschen Bank mehr Frauen in Führungsetagen kämen, werde es dort irgendwann farbiger sein und auch schöner. Dafür wurde er vor allem von Frauen und Frauenorganisationen heftig angegriffen, die sich daraufhin zu reinen Dekorationsobjekten degradiert sahen. Trotzdem hat er womöglich in der Sache Recht. Denn wenn es tatsächlich so weit kommt, dass ganz selbstverständlich in allen

Führungspositionen zur Hälfte Frauen sitzen, dann prägen Frauen auch gemeinsam mit den Männern die Regeln im Geschäftsleben – und dabei reden wir nicht nur von Aufsichtsräten in den (wenigen) DAX-Unternehmen, sondern vor allem auch von der Operative in Vorständen und Geschäftsleitungen – auch im Mittelstand. Dann könnte die Ackermann'sche Vision tatsächlich Wirklichkeit werden, sprich: von der Kleidung her mehr Abwechslung und damit u. a. mehr Farbe ins tägliche Business kommen. Ganz selbstverständlich und bis in die höchsten Führungsetagen hinauf. Aber leider ist es noch lange nicht so weit. Denn es fehlt bisher vor allem im deutschsprachigen Europa auch in der Farbigkeit der Kleidung an weiblichen Role-Models.

4.4.3 Die Gratwanderung zwischen Attraktivität und Erotik

Wenn Frauen heute eine höhere soziale Anerkennung wollen, dürfen sie sich nicht für den Job „niedlich" machen. Das bedeutet keinesfalls, dass Frauen ihre Weiblichkeit verleugnen und wie Männer aussehen sollten. Die Kunst ist, die Gratwanderung zwischen Attraktivität und Erotik zu beherrschen. Dabei lautet die Regel: Attraktiv ja, nackte Haut im Job nein. Denn Erotik wird im Geschäftsleben instinktiv mit Inkompetenz gleich gesetzt – und das nicht nur bei Frauen. Der amerikanische Psychologe Kurt Gray konnte in seiner Studie zeigen, dass uns nackte Haut dazu verleitet, sich mehr mit dem Körper unseres Gegenübers zu beschäftigen. Es entsteht ein enormer sexueller Reiz.

Das trifft für Männer genauso wie für Frauen zu. Wenn Sie also wollen, dass sich Ihr Gegenüber auf das konzentriert, was Sie zu sagen haben, sollten Sie kaum nackte Haut zeigen [15].

Er sei noch immer erstaunt, wie stark ein wenig Haut die Wahrnehmung verändern kann, fügt der Forscher an, der eine der grundlegenden Fragen der Psychologie beleuchtet: Welche Hinweise nutzen wir, um zu erahnen, wie die innere Welt eines fremden Menschen beschaffen ist? Jüngsten Erkenntnissen zufolge schätzen wir die Innenwelt der anderen in einer groben Annäherung zweidimensional ein. Die erste Dimension ist im weitesten Sinne Kompetenz, also Intelligenz, Wissen, die Fähigkeit zu planen, zu handeln und selbstkontrolliert zu sein. Die zweite Dimension umfasst die Emotion, also die Fähigkeit, Erfahrungen zu machen, zu fühlen, sensibel zu sein und wahrzunehmen. Diese beiden Dimensionen halten sich bei der Einschätzung eines Menschen fast nie die Waage. Wenn wir jemandem Kompetenz attestieren, bescheinigen wir dieser Person zugleich eine geringere Emotionsfähigkeit und umgekehrt. Wir denken also, dass ein intelligenter, handlungssicherer und selbstkontrollierter Mensch nicht gleichzeitig extrem sensitiv, erfahrend und empathisch sein kann.

Doch vielen Frauen ist scheinbar nicht bewusst, mit welchen Signalen sie Erotik statt Kompetenz aussenden. Dazu gehören neben einem tiefen Dekolleté nackte Arme und Beine sowie durchsichtige Oberteile. Auch lange offene Haare senden entsprechende Signale aus, signalisieren neben attraktiver Weiblichkeit auch körperliche Nähe und Fortpflanzung. Da für die Menschen evolutionär bedingt die Arterhaltung ein natürlicher Trieb ist und sie den Fortpflanzungserfolg optimieren wollen, reagieren sie unbewusst direkt auf solche Zeichen. Die Psychologin Kerstin Cyrus erklärt in ihrer wissenschaftlichen Arbeit, dass die Haarlänge signifikant mit dem Gesundheitszustand und dem Alter von Frauen korreliert [16]. Das Haar von Frauen wächst am schnellsten im Alter der höchsten Fertilität. Somit scheint die Haarqualität bei Frauen sowohl ein Indikator für Jugendlichkeit als auch für gute Gesundheit zu sein. Deshalb erweisen sich einige weibliche physische Merkmale, die im Alltag ganz selbstverständlich als gängige Attraktivitätsmerkmale bekannt sind, aus evolutionärer Perspektive als brauchbare Indikatoren, allerdings im Hinblick auf Fruchtbarkeit und Gesundheit.

Viele Frauen tragen darüber hinaus im Geschäftsleben zu enge und zu kurze Röcke, die sie vor allem im Sitzen dazu zwingen, immer wieder daran herum zu zupfen und zu ruckeln, damit sie nicht noch weiter hoch rutschen. Auch in diesem Fall werden sich andere eher mit Ihrem Körper als mit Ihrer Kompetenz beschäftigen. Daher macht es durchaus Sinn, in wichtigen Situationen etwas längere Röcke zu tragen und die Haare zurück zu binden oder hoch zu stecken. Dann können Sie sicher sein, dass sich Ihre Zuhörer vor allem auf die Inhalte und nicht in erster Linie auf Ihre erotische Außenwirkung konzentrieren. Die Regel gilt übrigens auch für Bewerbungsfotos. Die Sozialwissenschaftlerin Anke von Rennenkampff beschäftige sich in ihrer Doktorarbeit mit Bewerbungsfotos. Sie fand heraus, dass Bewerberinnen, die auf ihren Bewerbungsfotos besonders feminin aussahen, schlechtere Chancen bei den Personalern hatten. Sie empfiehlt darum Frauen, die sich auf eine Führungsposition bewerben, ihre langen Haare zurückzukämmen oder hochzustecken [17]. Das bedeutet: Begegnen Sie Geschäftspartnern selbstbewusst und entspannt auf der Sachebene. Denn wer niedlich, süß und romantisch verspielt oder erotisch rüberkommt, dem traut niemand Fachkompetenz in führungsrelevanten Themen zu. Trotzdem sollten Sie darauf achten, es nicht zu übertreiben: „Keine erstklassige Frau sollte versuchen, einen zweitklassigen Mann aus sich zu machen", so von Rennenkampff.

4.5 Lassen Sie die richtigen Farben sprechen

Genau wie das Verhalten von Menschen werden auch Formen und Farben in unterschiedlichen Kulturen verschieden bewertet. Überall gibt es Kleiderstandards, die sich je nach Land, Region, ethnischer Gruppierung oder auch Berufsgruppierungen und Branchen verändern. Es gibt jedoch Grundregeln, an denen Sie sich weltweit orientieren können. Farbe ist zum Beispiel eine international anerkannte „Sprache".

Wir kommunizieren mit unserem Verhalten durch Gestik und Mimik, Sprachmelodie, Sprachmodus, Stimme und durch unsere Kleidung. Für Ulrike Mayer, Image Consultant und Dresscoach, ist Farbe dabei der stärkste Kommunikator. In einem Artikel für die Personalagentur GULP schreibt sie: „Farben sprechen die Seele, den Verstand und die Emotionen an. Farben erzeugen Stimmungen, erwecken Sympathien und Antipathien, manipulieren

Eindrücke und beeinflussen Entscheidungen. Aber auch die Formen unserer Kleidung transportieren Botschaften nach außen. Umgekehrt können verbale Botschaften auch durch das Tragen bestimmter Farben unterstützt werden." Gerade Farben beeinflussen uns stark in dem, was wir über den anderen denken. Insofern hat auch die Wahl der Farben, die wir anziehen, einen Einfluss darauf, ob wir unser Ziel erreichen oder nicht [14]. Machen Sie sich also diese Tatsachen durch die bewusste Wahl Ihrer Kleidung und Accessoires zunutze – denn die Symbolik von Farben ist archetypisch in unserem Unterbewusstsein angelegt.

> Verwenden Sie idealerweise nie mehr als drei Farben und zwei Muster gleichzeitig.

Schon immer wirkte die Farbe der Kleidung als eine Art Visitenkarte. „Bis zur Zeit der Französischen Revolution gab es überall Kleiderordnungen, die offiziell bestimmten, wer welche Kleidung tragen durfte. Es gab standesgemäße Kleidungsstücke, standesgemäße Stoffe, standesgemäße Farben. Die Kleiderordnungen des Mittelalters unterschieden Kleidungsstücke, Stoffe, Farben für den hohen und den niederen Adel, den hohen und den niederen Klerus, die reichen Bürger, die armen Bürger, die reichen Bauern, die armen Bauern und für Dienstboten, Knechte, besitzlose Witwen und Waisen, schließlich für Bettler. Fast plötzlich, Mitte des 15. Jahrhunderts, brach die Farbigkeit des Mittelalters zusammen. Die Welt verdunkelte sich. In den Kleiderordnungen des frühen Mittelalters reservierte sich der Adel die leuchtenden Farben, die unteren Stände mussten die dunklen, die unreinen Farben tragen. Farbe bedeutete Macht. Aber die Gesellschaft veränderte sich: Der Adel verarmte, das Bürgertum stieg auf. Ohne ökonomische Macht gibt es keine politische Macht. Die durch Handel reich gewordenen Bürger ließen sich von ihren adeligen Gläubigern die Kleidung nicht mehr vorschreiben. Die Farben des Adels wurden standesgemäß für die Patrizier. Farbe bedeutete Reichtum" [18, S. 59 und 95].

4.5.1 Vertrauen ist Dunkelblau

Auch heute noch sind Farben dafür verantwortlich, dass Sie gesehen oder übersehen werden. Denn Farben haben eine Eigenwirkung, sie lösen Reaktionen beim Betrachter aus, von Sympathie bis Antipathie. Die deutsche Psychologin und Soziologin Eva Heller beschreibt nach einer Umfrage von 1888 Personen in ihrem Buch „Wie Farben wirken" die Farbe Blau als „die mit Abstand beliebteste Farbe" [18, S. 95 ff.]. Sie symbolisiert viele gute Eigenschaften wie Sympathie, Harmonie, Freundlichkeit. Blau ist die positive Seite der Fantasie und bekommt höchste Werte bei Begriffen wie „Treue", „Vertrauen" und „Zuverlässigkeit", steht für die männlichen und geistigen Tugenden wie „Mut", „Leistung", „Sportlichkeit", „Selbstständigkeit" und „Konzentration". Der Gegenpol ist übrigens Rot, die Symbolfarbe des Körperlichen.

Rot spielt bei geistigen Tugenden nach Heller keine Rolle. Was auch unsere Einstellung stützt, in beruflich wichtigen Situationen eben nicht den vermehrt zu lesenden Empfehlungen zu folgen und nur um der lieben Aufmerksamkeit Willen plötzlich in Rot aufzutreten. „Blaue

Kleidung wirkt für jeden und zu jeder Gelegenheit passend. Blau ist korrekt, aber nicht so elegant wie Schwarz. Hinter dieser Wirkung stehen uralte Traditionen. Bis Anfang dieses Jahrhunderts die synthetischen Farben auf den Markt kamen, war die Farbe der Kleidung keine Frage des Geschmacks, sondern eine Frage des Geldes. Die Gewinnung der Farbstoffe aus Färberpflanzen war mühsam, viele Farbstoffe mussten importiert werden, die Färberei war arbeitsintensiv. Aber Blau, das war schon immer und überall auf der Welt einfach zu färben. So wurde Blau zur beliebtesten Kleiderfarbe." „Blaumann" und „Blauer Zwirn" sind zum Synonym für Arbeitskleidung geworden, im Englischen spricht man von „blue collar workers" und auch in China war der typische „Mao-Kittel" häufig blau.

Heller erklärt in ihrem Buch auch, woher die Begriffe „Preußischblau", „Englischrot" und „Russischgrün" kommen. Sie erinnern an die Verbindung von Nationalitäten, Farben und Uniformen. „Die dunkelblauen Uniformen wurden vom brandenburgischen ‚Großen Kurfürsten' Friedrich Wilhelm (1620–1688) eingeführt. Als Brandenburg zum Königreich aufstieg, wurde das Dunkelblau der Uniformen umbenannt in Preußischblau. Bis zum ersten Weltkrieg trugen alle deutschen Truppen Dunkelblau." Erst mit dem ersten Weltkrieg verschwanden alle Farben aus den Uniformen – die Truppen mussten unsichtbar werden [18, S. 23–36].

Bis heute tragen Autoritätspersonen weltweit Dunkelblau: Die Cops in New York genauso wie die Gendarmen in Paris und inzwischen auch wieder die Polizisten in Deutschland. Der typisch englische Banker in der City trägt ebenso selbstverständlich Dunkelblau wie fast jeder bedeutende Wirtschaftslenker weltweit. Allen Bankenkrisen zum Trotz bringen die Menschen der Farbe Dunkelblau scheinbar immer noch großes Vertrauen entgegen.

4.5.2 Anthrazit auf Erfolgskurs

Anthrazit ist in diesem Sinne die zweitbeste Farbe – ein sehr dunkles Grau. Für Männer gibt es übrigens weltweit keine anderen Farben, die für einen Business-Anzug wirklich anerkannt sind. Sachlichkeit und Kompetenz werden in konservativen Branchen überall mit dunklen und eher kalten Farben verbunden. Von Mitarbeitern einer Bank, einer Versicherung oder einer Beratungsfirma erwarten Kunden und Mandanten auch im Outfit Seriosität, Korrektheit und Ordnung, aber keine Signale von Fröhlichkeit, Kreativität und Freizeit, die mit bunten, leuchtenden Farben verbunden werden.

Natürlich gibt es auch andere Farben, die man im Job tragen kann, abhängig von Anlass und Branche. Ein Blick in die deutsche Vergangenheit zeigt, dass es in den 1970er Jahren Heerscharen von Männern gab, die im Geschäftsleben in hell lindgrünen Anzügen herumgelaufen sind. Einige Jahre später folgte ein ähnliches Phänomen in Aubergine – ein dunkles Weinrot mit einem Stich ins Lila. Solche durchaus diskussionswürdigen Geschmacksentwicklungen gab es übrigens fast nur in Deutschland. Nirgendwo sonst haben sich seriöse Geschäftsmänner so gekleidet. Männer, die international tätig waren, haben im Zweifelsfall auch damals Dunkelgrau oder Dunkelblau getragen. Denn eins ist sicher: In Lindgrün oder in Aubergine hätte sie international keiner wirklich ernst genommen. Aber vielleicht wollten die deutschen Männer ihre Verhandlungspartner auch absichtlich irritieren, nach dem Motto: „Weißt du, wieso die New York Yankees immer gewinnen? Weil der Gegner immer von den verfluchten Nadelstreifentrikots abgelenkt wird." so Leonardo di Caprio in dem Film „Catch me if you can" …

Im November 2011 erschien dazu eine wissenschaftliche Studie der Hamburger Unternehmensberatung Pawlik Consultants, die seit fast 20 Jahren auf Vertriebsschulungen spezialisiert ist, in Zusammenarbeit mit der Hamburg School of Business Administration (HSBA) [19]. Sie beschäftigte sich mit der Frage: Wie ausschlaggebend ist das äußere Erscheinungsbild eines Vertriebsmitarbeiters für seinen beruflichen Erfolg?

Potenzielle Käufer haben auf der Sachebene dezidierte Vorstellungen vom gewünschten Verhandlungsergebnis – und sie zögern nicht, ihre Vorstellungen gegenüber Verkäufern unmissverständlich zu artikulieren. Auf der emotionalen Ebene, zuständig für persönliche Empfindungen und Bewertungen, findet dagegen ein vergleichbares Feedback nicht statt. Da entsprechende Wertungen unausgesprochen bleiben, gehen Vertriebler vielfach davon aus, ihr Gegenüber sei mit ihrem Auftreten und äußeren Erscheinungsbild zufrieden. Doch häufig ist das Gegenteil der Fall. Deshalb und wegen der besonderen Relevanz dieses Themas für praktisch jedes einzelne Unternehmen wurde die Studie „(Vor)Bild Verkäufer – von Krawatten, Koffern und Klischees" initiiert. Die Untersuchung lief in ganz unterschiedlichen Branchen, im B2C-Bereich bei Finanzdienstleistern, Automobil und IT, im B2B-Bereich bei Pharma sowie Groß- und Außenhandel. Überraschend war, dass offenbar ein branchenübergreifendes Vorbild bzw. Ideal für das optimale Erscheinungsbild eines Vertriebsmitarbeiters existiert: Den größten Erfolg im Verkaufsgespräch hatte in allen Branchen immer derjenige, der einen anthrazitfarbenen Anzug trug in Kombination mit einem hellen Hemd, einer einfarbigen Krawatte und ledernen schwarzen Schnürschuhen! Dieses Ergebnis belegt eindeutig, dass das Outfit eines Vertriebsmitarbeiters – dazu zählen Kleidung und ergänzende Accessoires wie Aktentasche, Manschettenknöpfe, Schreibgerät oder Uhr – gravierenden Einfluss auf Kaufentscheidungen und entsprechende Vertriebserfolge hat. Spätestens hier wäre interessant zu erfahren, warum „Außenwirkung" kein selbstverständlicher Bestandteil jeder Vertriebsausbildung ist. Es gibt mittlerweile ausreichend empirische Belege, dass unser Urteil über Charaktereigenschaften und Intelligenz anderer Personen auch maßgeblich durch deren Kleidung beeinflusst wird [20].

Einen weiteren Aspekt untersuchte in diesem Zusammenhang im Winter 2013 Lilian Tucker vom Hanover Collage für den Fachbereich Sozial-Psychologie in ihrer Arbeit „Perceptions of the Brightness of Clothes on Level of Status". Sie zeigte, dass ein klarer Zusammenhang zwischen der Helligkeit der Kleidung und der Einschätzung des Status bzw. des Einkommens der entsprechenden Person besteht. Menschen in dunkler Kleidung wurden in ihrer Untersuchung automatisch als wohlhabender und von daher in ihrem gesellschaftlichen Status höher stehend angesehen als Menschen in heller Kleidung [21]. Eine Spielregel, die auch die neuen Genrationen (Y und Z) instinktiv beherrschen. Indem sie zwar T-Shirts oder Kapuzenpullover tragen, aber oft in Schwarz.

4.5.3 Schwarz: der kleine Unterschied

Eine Sonderrolle spielt Schwarz. Für Männer mit Stil, ist und war Schwarz schon immer eine reine „Anlassfarbe". Einen schwarzen Anzug trägt Mann weltweit nur zu einem eleganten, festlichen Anlass. Der Frack ist schwarz, der Smoking ist schwarz und der offizielle Anzug für Hochzeiten und Beerdigungen ist schwarz. Daran hat sich bis heute nichts geändert. Das bedeutet im Umkehrschluss: Auch wenn es seit ein paar Jahren modern ist, sollten Sie einen schwarzen Anzug nicht im täglichen Business tragen, sondern nur am Abend oder zu einem entsprechend festlichen Anlass. Der Grund liegt auf der Hand: Männer können die Farbe Schwarz nicht steigern. Es gibt für sie keine elegantere Farbe als Schwarz. Wenn Sie bereits tagsüber im Büro in Schwarz gehen, was wollen Sie abends anziehen, wenn Ihr Kunde Sie zu einem großen Firmenjubiläum einlädt und es wirklich elegant und festlich zugeht? Darum sind abends zur offiziellen Veranstaltung uni-schwarze Anzüge angesagt. Anzüge mit Streifen gleich welcher Art – auch schwarze mit Nadel- oder Schattenstreifen – sind dagegen reine Tagesanzüge fürs Büro.

Frauen dagegen können Schwarz auch tagsüber im Job tragen. Denn Schwarz verleiht Macht, gerade wenn man von der Statur her eher klein und zierlich ist. Außerdem haben Frauen abends und bei besonderen Anlässen ganz andere Möglichkeiten, den Glamour-Faktor zu erhöhen. Dann können sie mehr Haut zeigen, High-Heels anziehen, funkelnden Schmuck anlegen und die Haare offen tragen. Außerdem können Frauen abends auch jede andere Farbe in glänzendem Taft oder in fließender Seide anziehen, um einen eleganten Anlass zu würdigen.

4.5.4 Erdtöne: Nicht immer eine gute Wahl

Vor einigen Jahren waren in Deutschland – und nur in Deutschland – braune Anzüge modern. Erdtöne – also Dunkelbraun, Beige, ein graubraunes „Taupe" oder Khaki – wirken allerdings weniger überzeugend. Sie lassen ihre Träger eher unauffällig und angepasst aussehen. Berücksichtigt man, dass Menschen das, was sie sehen, unterbewusst blitzschnell mit dem abgleichen, was sie schon kennen, passen zu Brauntönen Begriffe wie Natur, Strand, Erde, Dreck, Schlamm, Tarnfarben, Nato-Oliv, Wald, Förster, Feuer, Wärme, Öko, Müsli und zu Rostbrauntönen auch Esoterik.

Braun wirkt erdverbunden und rustikal, steht im positiven Falle für Gemütlichkeit und Geborgenheit – Braun ist aber nie offiziell. Zudem hat Eva Heller herausgefunden, dass Braun als die „unsympathischste Farbe" gilt und am heftigsten abgelehnt wird. Das hat nicht nur etwas mit der deutschen NS-Vergangenheit zu tun. Braun steht nach ihren Befragungen unter anderem für Faulheit, das Spießige, Biedere, Altmodische. Bereits im Mittelalter galt Braun als die hässlichste Farbe, denn die Kleidung der armen Bauern, Knechte, Diener und Bettler war braun [22].

Prüfen Sie die Wirkung von Farben mit folgendem Gedankenspiel: Sie wollen in einer Bank eine beträchtliche Geldsumme sicher anlegen und treffen dort auf zwei unterschiedlich gekleidete Berater. Dunkelblauer Anzug mit hellblauem Hemd auf der einen, hellbeiger Anzug mit einem cremefarbenen Hemd auf der anderen Seite. Ihr Unterbewusstsein wird sich in Bruchteilen von Sekunden für den Berater in Dunkelblau entscheiden, weil Sie ihm eher zutrauen, dass er Ihr Geld sicher und gewinnbringend verwalten wird. Selbstverständlich hat die Farbe eines Anzuges rein gar nichts mit der Zuverlässigkeit und der Professionalität des Bankberaters zu tun. Dennoch sollten Sie sich bewusst sein, dass wir alle in Stereotypen denken und vor allem auch nach diesen Kriterien handeln.

Verzichten Sie darum gerade in entscheidenden Geschäftssituationen auf Naturtöne wie Braun und Beige. Ein Rat, der auch im Privaten gilt: Wer seinen pubertierenden Kindern oder seinem Partner einmal richtig die Meinung sagen will, ist deutlich überzeugender in einem klassischen hell-dunkel-Kontrast als in hellen Pastell- oder Naturtönen.

Trotzdem sind dunkle und kalte Farben nicht für jede Situation und für jede Branche empfehlenswert. Eine Psychotherapeutin würde beispielsweise in strenger, schwarzer Kleidung eine viel zu große Distanz zu ihren Patienten aufbauen, eine Strickkombination in freundlichen Erdtönen schafft hingegen Nähe.

Stellen Sie sich vor, es ist ein heißer Sommertag und Sie erwarten einen Kunden, den Sie lange kennen und mit dem Sie sich gut verstehen. Ist dieser eher locker oder hemdsärmelig und jovial, sind je nach Gesprächsanlass auch in konservativen Branchen hellere Farben, auch Naturtöne, passend sowie – je nach Firmen-Dresscode – auch einmal der Verzicht auf die Krawatte. „Schwitzen" ist übrigens keine Frage der Farbe, sondern vor allem abhängig vom Material. In einem dunklen Anzug aus leichter, hochwertiger Baumwolle ist Ihnen genauso warm bzw.

kühl zumute wie in einem in einer hellen Farbe derselben Stoffqualität.

Klassische, dunkle Businessfarben passen nicht in die sogenannten helfenden und heilenden Berufe. Bei Ärzten, Therapeuten, Osteopathen sowie im sozialen Bereich schaffen gerade helle Farben und Naturtöne Vertrauen, Nähe und strahlen Wärme aus, was in diesen Branchen absolut notwendig ist.

4.5.5 Bei Rot entscheidet der Kontext

Zwei Seiten hat auch die Farbe Rot. So bewertet das Recruiting-Portals HiredMYWay in einer Infografik die Farbe Rot als „die emotionalste Farbe, intensiv und aggressiv. Beschleunigt Herzschlag und Atmung. Die Farbe der Liebe und der Leidenschaft. Rot verschafft Aufmerksamkeit – und lässt Sie schwerer wirken. Nicht empfehlenswert für Job-Interviews". Dabei wird von Stilberatern gerade für Frauen Rot als Bluse oder Jacke immer wieder empfohlen, um eine höhere Aufmerksamkeit zu bekommen und im Gedächtnis zu bleiben.

Die Wissenschaft aber rät davon ab. Zentrales Ergebnis vieler Studien ist, dass Rot im leistungsbezogenen Business-Kontext, in dem es auf Kompetenz und Fähigkeiten ankommt, jedes Mal negative Auswirkungen hat. In der Studie „The influence of red on impression formation in a job application context" untersuchten beispielsweise deutsche und amerikanische Wissenschaftler gemeinsam die Wirkung der Farbe Rot in Bewerbungssituationen. Dabei trauten die Teilnehmer den Kandidaten mit roten

Krawatten in einem Job-Interview weniger Führungskompetenz und ein niedrigeres Einkommen zu als denen mit einer blauen Krawatte [23]. Die Studien belegen für Männer und Frauen gleichermaßen, dass Rot assoziiert wird mit der Angst zu versagen und geringer Kompetenz. Die Farbe senkt nachweislich die Motivation und minimiert die Performance bei kognitiven Aufgaben.

Die andere Seite von Rot steht ebenfalls auf wissenschaftlich sicherem Boden. Jüngere Studien beweisen, was die Kunst längst wusste: Rot besitzt auch eine positive Bedeutung – nämlich dann, wenn es um Romantik, Liebe, Leidenschaft und Sex geht. Rot signalisiert sexuelle Verfügbarkeit und lässt Männer wie Frauen für das jeweils andere Geschlecht erotisch und verführerisch wirken. Rot hat also eine ganz spezielle symbolische Wirkung, die kontextgebunden sehr unterschiedlich ist. Insofern machen Sie sich bewusst, wofür die Farbe Rot in unserem Unbewussten steht.

Will man auf einer Management-Konferenz mit Kompetenz überzeugen, ist also ein rotes Jackett nicht unbedingt die erste Wahl. Im Privatleben, bei einem Treffen mit einem attraktiven Mann oder einer attraktiven Frau hingegen schon. Rot war übrigens früher die Farbe des Adels und der Reichen. Sie galt als die teuerste Farbe, da ihre Herstellung und Färberei sehr aufwendig waren und die Farbstoffe extra importiert werden mussten [18, S. 57 und 58].

Rosa gilt in der Farbpsychologie als das „kleine" Rot. In Rosa kommen insbesondere Frauen eher romantisch, verspielt ‘rüber, das kleine Mädchen, die Prinzessin – aber nicht professionell und businesstauglich. Rosa ist weltweit ein Mädchenname und wird laut einer Untersuchung von Eva Heller unter anderem mit folgenden Begriffen assoziiert: Naivität, Empfindsamkeit, Unsicherheit, Träumerei, Romantik, das Süße und Liebliche. Im Übrigen verbinden Menschen in heutiger Zeit überall auf der Welt mit Rosa: Barbie, Lillifee und schlimmstenfalls Miss Piggy. Insofern gilt die Empfehlung zumindest für Frauen, Baby-Rosa im Geschäftsleben generell zu vermeiden – auch als T-Shirt oder Bluse. Zumindest an Tagen, an denen Sie mit Fachkompetenz überzeugen wollen.

Als Rosa noch Blau war

Tatsächlich war die Farbe Rosa ursprünglich den Jungen vorbehalten und die Mädchen trugen Hellblau. Wobei überhaupt erst Mitte des 19. Jahrhunderts – als man Textilien kostengünstig und dauerhaft einfärben konnte – das Leben für den Nachwuchs farbig wurde. Bis dahin hatte Geschlechter übergreifend Weiß den Vorzug, denn ungefärbte Baumwoll- Kleidchen, die auch die Jungen trugen, konnten gekocht werden. Die weißen Kleidchen haben sich bis heute im Taufkleid erhalten. Kochfeste Baumwolle wird allerdings kaum noch verwendet.

Rot wurde in der Kunst stets als Farbe der Vitalität und Kraft, also männlich interpretiert. So ist es nur logisch, dass Rosa als das kleine Rot den Jungen angezogen wurde. Während Blau als die Farbe der Maria den Mädchen zuordnet wurde.

Erst um 1920 herum – die christliche Symbolik hatte sich weit von der Realität entfernt, die Farbigkeit des Rokoko war längst vergessen und im Ersten Weltkrieg wurden die ehemals leuchtend bunten Uniformen gegen Feldgrau ausgetauscht – wurde die bis dahin übliche Farbigkeit auch in der zivilen Mode reduziert. Mit dem Bedeutungsverlust der religiösen Symbolik galt auch Blau nicht mehr als die Marienfarbe, sondern wurde mit den Marineuniformen assoziiert sowie mit den indigoblauen Anzügen der Arbeiter [18, S. 116 und 117].

In den 1940er Jahren fielen die Würfel endgültig zugunsten der heute noch gültigen Tradition. Schließlich entschied der Käufermarkt darüber, dass Rosa die Mädchenfarbe wurde. „Es hätte auch anders ausgehen können", meint die Historikerin Jo B. Paoletti, Autorin des Buchs „Pink and Blue: Telling the Girls from the Boys in america", zum Smithsonian Magazine [24].

4.6 Von Politikern lernen

Es ist nicht schwer, den „Farbcode" zu entschlüsseln. In konservativen Branchen fördert der klassische Hell-Dunkel-Kontrast das Vertrauen. Viele hochrangige Politiker machen es vor: Wenn es ernst wird, kommen Dunkelblau, Dunkelgrau oder die Nadelstreifen aus dem Schrank. Selbst Politikerinnen wie Sabine Leuthäuser-Schnarrenberger, bekennende 68erin und Querdenkerin, schaffte den Spagat zwischen Anpassen und Auffallen. Sie wusste sehr wohl, dass es zielführend ist, bei wichtigen Anlässen in einem dunkelblauen Hosenanzug aufzutreten, um sich in der männerdominierten Politik- und Geschäftswelt Gehör zu verschaffen. Trotzdem färbte sie ihre Haare lange Henna-Rot und trug dazu eine bunte Muranoglasperlenkette.

Das Ergebnis: Sie blieb authentisch, man nahm sie ernst in ihrer Ausstrahlung und in ihrer Kompetenz – ohne dass sie auf ihre individuelle Note und Markenzeichen verzichten musste.

Erinnern wir uns dagegen an die ehemalige Bundesfamilienministerin Kristina Schröder, die scheinbar gar keine Berater an ihrer Seite hatte. Als junge Frau musste sie bei ihrem Amtsantritt sowieso gegen Vorurteile kämpfen. Sie galt als jung, blond und – wenn die Medien freundlich waren – „unerfahren". Doch statt sich in dunklen Farben Aufmerksamkeit und Anerkennung auf dem politischen Parkett zu erarbeiten, sah man sie selbst bei wichtigen Veranstaltungen im hellen Glencheck-Freizeitjäckchen mit Lederflicken auf den Ärmeln ans Podium treten. Presseinterviews gab sie in cremefarbener Schluppenbluse aus Seide mit riesigen großen goldenen Kreolen in den Ohren. Unabhängig von der Qualität ihrer anschließenden Worte können wir sicher sein, dass ihre Zuhörer ihr mehr Aufmerksamkeit geschenkt und Kompetenz beigemessen hätten, wäre die Wahl ihres Outfits professioneller und ihrem Amt angemessener ausgefallen.

Das Beobachten von Führungskräften in Politik und Wirtschaft kann in Sachen Außenwirkung also sehr aufschlussreich sein. Vieles kommt auf die jeweilige Situation an.

- Dunkle und kräftige Farben verleihen größere Präsenz als helle Farben und Pastelltöne
- Starke Kontraste wirken kompetenter als Ton-in-Ton-Kombinationen

- Helle Farben ziehen den Blick an. Darum tragen Sie in entscheidenden Situationen helle Farben immer oben, um die Aufmerksamkeit auf Ihr Gesicht zu lenken. Das bedeutet auch: keine scharfen Tigerfell-Pumps zum schwarzen Anzug bei den Damen, denn so lenken Sie die Aufmerksamkeit allein auf Ihre Füße! Das gilt auch für mittel- oder gar hellbraune Schuhe bei den Herren.

Farb-Profi Angela Merkel

Eine Sonderrolle spielt allerdings Bundeskanzlerin Angela Merkel, die darum nur bedingt als Vorbild für das eigene Business-Outfit herangezogen werden kann. Dennoch weiß sie – oder Ihr Berater – sehr genau, was sie tut und wie sie Farben einsetzt. Dabei geht es an dieser Stelle nicht darum, ob ihre Farbwahl gefällt, sondern es gilt zu erkennen, zu welchen Gelegenheiten sie zum Beispiel die auffallenden bunten Sakkos trägt. Auf den großen Gipfeln dieser Welt im Reigen der anderen Regierungschefs zum Beispiel ist es Angela Merkel, die in Apfelgrün, Himmelblau oder Tomatenrot auf jedem Foto, jedem Video, Film, Clip, Ausschnitt, der um die Welt geht, unter den Männern in dunkelblauen und dunkelgrauen Anzügen heraussticht. Das hat Signalwirkung und beeinflusst das Unterbewusstsein der Zuschauer. Was jeder wahrnimmt, ist Deutschland im Zentrum der Macht. Das ist Absicht. Denn wer sie im täglichen politischen Geschäft in Berlin beobachtet, wird feststellen, dass sie dort überwiegend in dezenten, pastelligen Naturtönen auftritt. Es sei denn, es gibt einen für sie wichtigen Anlass. Kommen Politiker zum Staatsbesuch nach Deutschland, zu denen sie ein weniger entspanntes Verhältnis hat, wie zum Beispiel Recep Tayyip Erdoğan aus der Türkei oder Anfang 2014 noch Mohammed Mursi, dann sieht man Angela Merkel von Kopf bis Fuß in Schwarz. Das dürfte eine wohl kalkulierte Machtdemonstration sein, denn es gibt keine mächtigere Farbe als Schwarz. Interessant war in dem Zusammenhang zu beobachten, dass sie bei ihrem Besuch in der Türkei 2015, als es darum ging, Präsident Erdoğan dazu zu bewegen, den Flüchtlingszustrom für Europa besser zu kanalisieren, eine apricotfarbene Jacke trug.

4.7 Machen Sie mehr aus Ihrem Typ

Farben wecken Sympathien oder Antipathien. Sie können Entscheidungen beeinflussen, positive oder negative Stimmung erzeugen und manipulieren. Je besser Sie also wissen, welche Wirkung die Farben und Formen Ihrer Kleidung haben, desto überzeugender können Sie nonverbale Botschaften senden. Dabei spielt neben der Farbe der Kleidung auch die eigene Pigmentierung eine entscheidende Rolle. Gemeint ist hier das Zusammenspiel der Farbeigenschaften Ihrer Haare, Augenbrauen, Augen und Haut mit den Farben Ihrer Textilien und Accessoires. Schließlich sieht niemand mit allen Farben gut bzw. optimal aus. So können Natur- oder Hellgrau-Töne für einen Anlass durchaus passend sein, den Träger oder die Trägerin aber fahl und blass aussehen lassen. Um solche Wirkungen auszuschalten, hilft es, den eigenen Farbtyp zu kennen.

Neben dem Einsatz von Farben können Sie auch mit Stoffarten, Qualität und Mustern eine bestimmte Wirkung erzielen. Eine matte Stoffstruktur nimmt einem Outfit die Strenge, glänzende Stoffe unterstreichen und betonen – machen also eher strenger. Große, starke Muster sind eher für große, dunkelhaarige Typen geeignet, kleine, dezente dementsprechend für die kleineren und hellen Typen.

Orientierung und Hilfestellung kann hier eine professionelle Typen-Analyse geben. Dabei geht es nicht um ein Austesten mit Tüchern, wie es viele Farb- und Stil-Berater heute immer noch machen, sondern um die Zerlegung des Ist-Zustandes nach einem Ordnungssystem: In der sogenannten 9er-Typologie ist jeder vorkommende Pigmentierungstyp des Menschen erfasst, sowohl hinsichtlich des Tonwerts hell, mittel, dunkel als auch hinsichtlich der Farbrichtung warm, warm-kalt, kalt. Entwickelt wurde die 9er Typologie von der Hamburger Imageberaterin Beatrix Isabel Lied, die seit fast 40 Jahren zu den kreativsten und fundiertesten Köpfen der Branche zählt. Mit ihrem Know-how aus den Bereichen Visagistik und Image, als Maskenbildnerin für Fernseh-, Foto- und Theaterproduktionen und als langjährige Spezialistin an der Dermatologischen Hautklinik Hamburg gründete sie ihr Unternehmen BEAUTY IS LIFE und baute 1995 nach streng logisch-analytischen Kriterien ihre umfassende Farbtypologie auf, die heute von vielen Beratern angewandt wird. Für die Farbtyp-Entwicklung nach Lied werden Haarfarbe, Augenbrauenfarbe, Augenfarbe und Hautton erfasst. Darüber hinaus wichtig sind die Gesichtsform (Rahmen, Profil, Morphologie), das jeweilige soziale Umfeld (wie zum Beispiel der Beruf), die soziale Prägung (und damit der eigene Geschmack), der eigene Stil, die Figur, die Psyche, das Klima, das Alter, verschiedene Anlässe, die Wirkung von Farben, Moden und Trends.

Eine derart professionelle Typberatung erleichtert und steigert die Virtuosität, mit der sie Farben richtig einsetzen, sodass Sie immer gut aussehen.

4.8   Die Botschaft der Marken

Ihre Wirkung auf andere wird auch durch die visuellen Codes, die Sie aussenden, bestimmt. Im Wimpernschlag-Check des ersten Augenblicks werden nicht nur Kleidungsstil, Schmuck, Accessoires, Make-up, Frisuren und Bärte wahrgenommen. Auch die Marken spielen eine große Rolle: Ein junger Mann, der für alle sichtbar die Logos der Lieblingsmarken amerikanischer Ivy-League-Studenten wie Gant, Tommy Hilfiger oder Ralph Lauren trägt, studiert bestimmt BWL oder Jura und kommt aus einem gut situierten Elternhaus. Einem Anwalt oder Unternehmensberater, der mit einem verrosteten No-Name Kleinwagen vorfährt, nimmt man spontan keinen beruflichen Erfolg ab. Und nicht zufällig unterschreiben Führungskräfte und hochrangige Politiker weltweit bedeutende Verträge mit dem Füllfederhalter einer weltberühmten Hamburger Marke. Denn auch das ist ein dem Anlass angemessenes Statussymbol. Der Art Director einer bekannten Werbeagentur oder ein frei schaffender Designer wird oft mit Laptop und Smartphone der amerikanischen Kultmarke mit dem Apfel arbeiten und dabei womöglich die Jeans eines bis dahin für alle anderen noch völlig unbekannten japanischen Designers und Trendsetters tragen. Selbst Haustiere, wie die kleinen Hündchen, die Hotel-Erbin Paris Hilton ständig mit sich herumträgt, senden eine Botschaft aus und lassen den Besitzer in einem bestimmten Licht erscheinen.

Die elegante Papiertüte von Prada oder die Plastiktüte vom Discounter, Bikerjacke oder Trenchcoat, High-Heels oder Birkenstock-Sandalen: Alles, womit Menschen sich ausstatten und umgeben, übermittelt codierte Botschaften. Und selbst das bewusste Ablehnen von Markenkleidung ist eine Botschaft und signalisiert zumindest die Nähe zu einer bestimmten gesellschaftlichen Gruppe.

Spannend ist, dass diese Art von Signalen scheinbar in vielen Ländern der Welt gleich wahrgenommen wird. Auch wenn wir alle einen unterschiedlichen sozialen Hintergrund haben oder durch verschiedene Kulturen geprägt sind, ähneln sich offenbar die Schubladen in unseren Köpfen. Begegnet uns ein Mensch auf der Straße mit bunt gefärbten Haaren, zerrissener schwarzer Kleidung, einer Ratte auf der Schulter und einer Sicherheitsnadel im Ohr, denkt jeder sofort „Punk". Dabei spielt es keine Rolle, ob uns dieser Mensch in Oslo, London, Washington oder Tokio begegnet. Ähnliches passiert, wenn Frauen ins Büro kommen mit langen offenen Haaren, tiefem Ausschnitt, extrem kurzem Rock und High-Heels. Weltweit wird niemand denken: Vorstandsmitglied eines konservativen Unternehmens. Wer diese visuellen Codes kennt, kann gezielt steuern, in welche „Schublade" er möchte.

4.9 Dresscodes

Für die einen scheint es ein schier unlösbarer Geheimcode, für die anderen ist der „Dresscode" eine deutliche Erleichterung bei der Wahl der Kleidung – zum Beispiel zu einem wichtigen Anlass. Einen einheitlichen Dresscode fürs Business gibt es allerdings nicht, denn allein die Branche, in der Sie tätig sind, bedingt schon einen Unterschied. Ursprünglich gibt es nur zwei Kleiderordnungen

mit verbindlichen Richtlinien, die genau eingehalten wer-
den sollten: „White Tie" oder „Cravate Blanche" (= Frack)
und „Black Tie" bzw. „Cravate Noir" (= Smoking, also
Tuxedo in den USA, Dinner Jacket in Großbritannien).
Steht dies auf der Einladung, ist „Mann" aufgefordert,
Frack oder Smoking zu tragen. Grundsätzlich ist immer
nur die Kleidervorschrift für den Mann angegeben. Die
Dame weiß (bestenfalls), was dazu passt.

4.9.1 Verbindlich: White Tie und Black Tie

Ist in einer Einladung explizit White Tie erbeten, wird
der Herr im Frack erwartet. Das bedeutet, er trägt eine
schwarze Frackhose mit doppeltem Seidengalon an den
Seiten, dazu ein weißes Frackhemd mit doppelter Manschette und gestärkter Brustpartie. Darüber gehören die
weiße Frackweste, die weiße, selbstgebundene Schleife,
schwarze Seidenkniestrümpfe sowie schwarze Lackschuhe.
Wer es richtig stilecht mag, trägt dazu eine goldene
Taschenuhr – keine Armbanduhr.

Auch wenn sich die Bezeichnung White Tie auf das Outfit der Männer bezieht, wird die Dame in einer eleganten,
langen Abendrobe mit Dekolleté erwartet. Um während
des Essens die Schultern zu bedecken, ist es wichtig, einen
Schal oder eine Stola zum Kleid zu kombinieren. Strümpfe
sind bei diesem Outfit Pflicht, genau wie geschlossene
Pumps. Der Schmuck sollte auf jeden Fall echt, der Lip-
penstift und das Taschentuch in einer kleinen Abend-
handtasche bzw. einer Clutch verstaut sein. Dazu gehören
Schmuck, Abend-Makeup sowie eine aufwendige Frisur.

Und wenn der Mann seine goldene Uhr dabei hat, kann die begleitende Dame auch gern lange Handschuhe tragen.

Ein klein wenig legerer geht es zu, wenn Black Tie auf der Einladung steht – dann holt der Herr seinen Smoking aus dem Schrank. Dazu gehört traditionell eine Hose mit einem Seidengalon, ein Smoking-Hemd mit verdeckter Knopfleiste oder Schmuckknöpfen, Kläppchen oder Umlegekragen. Pflicht ist die selbstgebundene schwarze Schleife, eine schwarze Smoking-Weste oder der sogenannte Kummerbund, der um die Taille getragen wird. In der Brusttasche steckt ein weißes Leinen-Einstecktuch und die Füße stecken in Lackschuhen oder auf Hochglanz polierten, glatten, geschnürten Kalbslederschuhen mit dünner Ledersohle. Bei Sommerfesten und auf Schiffsreisen trägt der Herr zur schwarzen Smoking-Hose ein weißes Jackett mit Seidenrevers.

Wissenswert: Der Kummerbund

Man geht davon aus, dass der Kummerbund, die Bauchbinde, die zum Smoking getragen wird, ein modisches Relikt aus der Zeit der britischen Kolonialherrschaft ist. Britische Soldaten hatten sich das Tragen der Schärpen von den Indern abgeguckt, weil ihnen die Smokingweste unter dem Anzug einfach zu warm war. Aus dem persischen Wort „karmaband", was so viel wie Hüftgürtel bedeutet, wurde dann das Wort „Kummerbund" – was nichts mit dem deutschen Wort „Kummer" zu tun hat. Was die wenigsten wissen ist, dass der Kummerbund mit den Falten nach oben offen getragen wird, denn in der Regel befindet sich in der obersten Falte versteckt eine kleine Tasche für Geld.

Wissenswert: Der Smoking

In England heißt der Smoking übrigens Dinner Jacket. Bevor die Herren sich am Abend zum Rauchen in den Rauchersalon zurückzogen, wechselten sie ihre Jacken. Sie legten das schwarze Dinner Jacket ab und die farbige Samtjacke, das Smoking Jacket, an. Ebenso wechselten sie ihre Schuhe und trugen zum Rauchen statt der Smokingschuhe farbige Samtschuhe. Erst wenn sie zu den Damen zurückkehrten, zogen sie wieder ihr Dinner Jacket an, um ihnen nicht den Geruch des verräucherten Smoking Jackets zuzumuten.

Für die Dame macht es der Black-Tie-Hinweis einfacher: Sie kann zwischen einem Cocktailkleid, einem langen Kleid oder dem „kleinen Schwarzen" wählen. Auch ein sehr elegantes Kostüm oder ein festlicher Hosenanzug sind passend. Kombiniert wird dies mit feinen Strümpfen, geschlossenen Pumps oder Slingpumps, im Sommer dürfen es auch Riemchensandalen ohne Strümpfe sein. Zum perfekten Styling gehören eine kleine Abendtasche/Clutch, edler Schmuck und ein aufwendiges Abend-Make-up.

Im internationalen Zusammenhang wird auch manchmal der Begriff „formal" benutzt. Für den Abend bedeutet das dunkler Anzug, eventuell mit Weste, kombiniert mit einem weißen Oberhemd mit langen Ärmeln, gegebenenfalls mit Umschlagmanschette und Manschettenknöpfen. Das festliche Outfit wird ergänzt mit einer edlen Krawatte oder Schleife und einem Einstecktuch. Es darf auch der Smoking sein. Die Dame kleidet sich entsprechend im kleinen Schwarzen, sehr elegantem Kostüm oder Abendanzug.

4.9.2 Von Business bis Casual – Dresscodes mit Spielraum

Nicht verbindlich festgelegt sind dagegen die Begriffe „Business Attire", „Smart Casual" und „Casual". Diese Dress-Code-Empfehlungen werden darum oft unterschiedlich interpretiert. Dennoch eignen sie sich recht gut als Orientierung.

Business Attire (auch: Business formal)

In konservativen Branchen bedeutet „Business Attire" für den Mann Anzug in Dunkelblau, Anthrazit oder Dunkelgrau – einfarbig, mit Nadel-, Schatten- oder Kreidestreifen. Kombinieren Sie dies mit einem weißen, pastellfarbenen oder dezent gemusterten Oberhemd mit langen Ärmeln, die im Sommer bei sehr hohen Temperaturen sorgfältig bis zum Ellenbogen hochgekrempelt werden dürfen. Es gibt Unternehmen, in denen sind kurze Ärmel bei Hemden akzeptiert. Stilvoll sind sie deshalb trotzdem nicht.

Das Businesshemd in Deutschland sollte – anders als in den USA – keinen Buttondown-Kragen haben, sondern den klassischen Kent-Kragen oder den modernen Haifisch-Kragen. Eine Weste gibt dem Anzug zwar einen zusätzlich seriösen Touch, ist aber vor allem im Büro zurzeit nicht unbedingt modern. Passend ist sie auf jeden Fall bei festlichen, offiziellen Anlässen. Schwarze, dunkelgraue oder dunkelblaue Langsocken und schwarze Lederschuhe mit passendem Gürtel gehören ebenfalls zum klassischen Business-Outfit. Stilsichere Männer kombinieren, zumindest tagsüber, auch manchmal (dunkel-)braune Schuhe zum grauen oder blauen Anzug. Das gehört zum italienischen Stil.

Frauen tragen Kleider, Kostüme oder Hosenanzüge kombiniert mit Blusen in Weiß oder Pastelltönen, unifarbene T-Shirts oder Tops aus edlen Materialien oder feine Pullover aus Kaschmir oder Merinowolle. Auch schlichte Kleider, eventuell mit Jacke, eignen sich gut für die Business-Garderobe. Dezenter Schmuck, feine Schals und Tücher sowie hochwertige Hand- und Aktentaschen geben dem Business-Outfit den letzten Schliff. Schlichte, zumindest vorn geschlossene Pumps mit Absätzen bis maximal 7 cm und feine, transparente Strumpfhosen oder Strümpfe gehören auch im Sommer zur Geschäftsgarderobe.

Business Casual

Auch „Business Casual", das in manchen Firmen am Freitag als angemessene und korrekte Bekleidungsordnung gilt, ist kein Freifahrtschein. Kaum ein Dress Code wird so falsch und dehnbar interpretiert wie dieser.

In den USA und Kanada ist in den späten 50er Jahren der „Casual Friday" entstanden – und zwar in Unternehmen und Banken, in denen unter der Woche ein bestimmter Dress Code vorgeschrieben war. Um sich aus den Zwängen des Büroalltags zu lösen – und weil am Freitag nur selten ein Kundenkontakt nötig war – durfte legere, sportliche Kleidung getragen werden.

Heute ist der Casual Friday in den USA, Europa und Asien weit verbreitet. In vielen Unternehmen ist es üblich, freitags früher Feierabend zu machen oder über das Wochenende wegzufahren, was zu diesem betont lässigen Kleidungsstil passt.

Im ursprünglichen Sinne bedeutet „Business Casual"
aber nichts anderes als „ohne Krawatte". Also Anzug
oder Kombination, Oberhemd mit langen Ärmeln, aber
keine Krawatte. Es ist immer eine hochwertige Woll- oder
Baumwollhose gefragt und nichts, was irgendwie zu sehr
nach Freizeit aussieht. Chinos sind akzeptabel, aber nicht
in bunten Farben. Gerade geschnittene Baumwollhosen
in Blau-, Grau- und Naturtönen sind am Casual Friday
durchaus passend.

Für Frauen bedeutet dieser Dress Code, Rock oder
Hose mit einer Bluse zu kombinieren, einem edlen,
schlichten, einfarbigen T-Shirt (keine Mottos, keine großen Muster, keine Rüschen, keine Spitzen, keine Strass-
steine oder Pailletten), einem edlen Top – oder auch mit
feinen Strickwaren wie einem Cardigan oder einem Twin-
set. Auflockern können Sie dieses Outfit bei Bedarf mit
einem ordentlich gebundenen Schal oder einem feinen
Tuch. Auch ein schlichtes Kleid ist passend. Dazu werden
weltweit fast immer noch Strümpfe getragen und Schuhe,
die zumindest vorn geschlossen sind – also keine Sandalen
und keine Peeptoes.

Diese Art von Business Casual gilt in Deutschland,
Österreich und der Schweiz vor allem in konservativen Branchen. Und auch nur dann, wenn Sie an dem
Freitag gerade keinen Kundenkontakt oder ein wichtiges
Gespräch mit Ihrem Vorgesetzten oder Ihren Mitarbeitern haben. Je nach Branche ist auch ein edles Polo-Hemd
möglich – wir reden hier allerdings nicht über verwaschene oder knallige Trendfarben, sondern über Dunkelblau, Dunkelgrau, Schwarz, Weinrot oder Flaschengrün,
notfalls Dunkelbraun – eventuell auch ohne Sakko.

Wichtig ist: Kommen Sie nicht in Jeans, Shorts, Baggy Pants, labberigen Strick- oder Zipper-Pullis, Sweat- oder T-Shirts ins Büro. Auch Sneaker sind am Casual Friday in konservativem Umfeld nicht angemessen. Natürlich kommt es auch hierbei immer auf die Branche an – und auf Ihre Position.

Ein Vorgesetzter strahlt übrigens auch in einer lockeren Branche mit einem sportlichen Sakko immer noch mehr Kompetenz und Autorität aus als in einem Strickpulli oder einem T-Shirt. Es muss ja kein klassisches Sakko sein. In der Medienbranche, in Start-ups, in vielen IT-Firmen und generell in kreativen Branchen kommen die meisten Mitarbeiter generell deutlich legerer zur Arbeit als in konservativen Unternehmen. In Agenturen zum Beispiel ist es oft völlig in Ordnung, Jeans zu tragen – wenn sie nicht verwaschen sind oder Löcher haben. Wenig falsch machen können Sie hier mit folgendem Outfit: dunkle, gepflegte Jeans in Kombination mit hochwertigen Lederschuhen, passendem Gürtel, einem gepflegten Oberhemd oder einer Bluse/einem Top in Weiß oder Hellblau – je nach Branche auch gestreift oder notfalls dezent kariert – und einem dunklen Sakko. Damit sind Sie meistens auf der sicheren Seite.

Anders ist es beim Kundenkontakt – hier sollten Sie sich auf die jeweilige Branche einstellen. Ein Software-Entwickler muss nicht wie ein Banker aussehen. Wenn Sie aber ein Markenkonzept für eine große Bank präsentieren, erwartet der potenzielle Neukunde von dem Berater der Agentur, dass dieser ähnlich klassisch gekleidet ist wie er selbst. Das schafft Sympathie und Vertrauen. Studien des amerikanischen Sozialpsychologen Donn Byrne kamen zu dem eindeutigen Ergebnis: Je mehr Ähnlichkeiten wir feststellen, desto mehr Lämpchen leuchten auf und desto sympathischer sind wir einander. Das gilt für Begegnungen generell. Darum ist in diesem Fall ein dunkler Anzug die richtige Wahl, sonst hat womöglich der Banker das Gefühl, Sie verstehen gar nicht, worum es in seinem Business geht. Der unter Umständen begleitende Art Director sollte allerdings keinesfalls genauso konservativ aussehen. Denn dann traut ihm niemand zu, wirklich kreativ zu sein. Wer allerdings bei einem Sportartikelhersteller präsentiert, kann auch als Berater lockerer gekleidet sein und auf jeden Fall die Krawatte weglassen.

„Casual" bedeutet „Freizeit-Look", daher verwechseln viele den Dresscode „Business Casual" mit „Casual". So kamen dann Jogginganzüge, Hoodies, Flip Flops und verwaschene Jeans in die Unternehmen. Diese Mitarbeiter sahen aus, also ob sie vor dem Wochenendausflug nur mal eben kurz bei der Arbeit vorbeischauen. Zweifellos das falsche Signal, das sowohl in Amerika als auch in Europa dazu führte, dass eine Anzahl von Unternehmen den Casual Friday wieder zurücknahmen. Zum einen haben Untersuchungen gezeigt, dass die Produktivität an diesen legeren Freitagen teilweise um über 60 % eingebrochen ist. Zum anderen hatten sich Kunden über zu saloppe Kleidung beschwert. Außerdem wurde der Dresscode von vielen Angestellten falsch interpretiert, die dann tatsächlich in Freizeitkleidung zum Meeting erschienen.

Grundsätzlich sollte Ihre Kleidung immer dem Image des Unternehmens entsprechen und am Casual Friday nur etwas legerer ausfallen als an den Tagen zuvor: Lässig, aber nicht nachlässig.

Auch am Casual Friday tabu:

- Zerrissene Jeans
- Ungebügelte oder ungepflegte Kleidung
- Jogginganzug oder andere Sportkleidung
- „Strandlook"
- Sandalen oder Flip Flops
- Gürtelschlaufen ohne Gürtel
- Schlecht sitzende Kleidung
- „Schlabberlook"
- Partykleidung
- Spezielle Freizeitkleidung wie Jäger- oder Anglerkleidung
- Schritt der Hose in den Kniekehlen
- Look, der an Campingplatz, Kindergeburtstag oder Handarbeitsgruppe denken lässt.

Smart Casual

Immer wieder liest man den Begriff „Smart Casual", der heutzutage auch gern als „Urban Chic" bezeichnet wird. Hier geht es sowohl bei Männern wie bei Frauen darum zu wissen, was aktuell im Trend ist. Das beginnt mit dem neuesten Jeans-Schnitt, geht über Chinos und Leinenhosen in verschiedenen Längen, kombiniert mit lässigen Oberteilen wie Shirts, Tops, Jacken, Blazern aus Seide, Strick, Stoff oder Leder. Smart (edel) ist die Seidenbluse, casual (leger) die Jeans. Dazu können Sie trendigen Modeschmuck, aber auch echten Schmuck tragen, auffällige Schuhe oder modische Accessoires. Dieser Dresscode wird gern bei Veranstaltungen und Partys im privaten Kreis sowie in kreativen Branchen genutzt.

Seit einigen Jahren hört man oft den Begriff „sportlich-elegant". Das ist missverständlich, gemeint ist eigentlich „klassisch-elegant". Denn Sportbekleidung ist funktional und bequem, jedoch nie elegant.

4.10 Das richtige Outfit

„Wer die Wahl hat, hat die Qual", heißt es in einer Volksweisheit. Das trifft in Sachen Kleidung zumindest im Berufsleben für Frauen in vielen Momenten zu. Eine Art „Uniform", vergleichbar dem schon seit Jahrzehnten klassischen Anzug für Männer im Business, gibt es für Frauen nicht – eben, weil sie noch nicht so lange im Kampf um die Rangordnung im Berufsleben mitspielen. Darum verfügen Frauen zwar über viel mehr Möglichkeiten, sich für das Berufsleben richtig anzuziehen als Männer, können auf der anderen Seite aber auch viel mehr falsch machen.

Es gibt viele Frauen, die ihre Position deutlich schwächen, weil sie sich unpassend kleiden. Wenn Sie sich wie das nette Mädchen von nebenan anziehen, müssen Sie sich nicht wundern, wenn Sie auch wie das nette Mädchen von nebenan behandelt werden. Skinny-Hosen mit einem hohen Elastan-Anteil, viel zu weite Blusen, T-Shirts oder Strickjacken lassen Sie unförmig erscheinen und nicht wie eine fachlich versierte Expertin. Genauso schlimm sind zu enge Blusen, bei denen die Knöpfe fast abplatzen und die viel zu tiefe Einblicke gewähren. Obwohl Frauen selbstverständlich Kleider und Kostüme beziehungsweise Röcke im Business tragen können, belegen wissenschaftliche Untersuchungen, dass Frauen in maskuliner Kleidung eine höhere Eignung für Managementpositionen zugetraut wird als sehr feminin gekleideten Kolleginnen.

Auch für Männer ist es offensichtlich nicht immer einfach, das richtige und vor allem gut sitzende Outfit für den jeweiligen Anlass zu finden. Aber es gibt

Empfehlungen, die ein gutes Gefühl vermitteln und Ihnen dadurch Sicherheit geben können, wenn ein wichtiger Auftritt bevorsteht.

4.10.1 Tipps für Business-Männer

Auch für Männer ist es offensichtlich nicht immer einfach, das richtige und vor allem gut sitzende Outfit für den jeweiligen Anlass zu finden. Aber es gibt Empfehlungen, die ein gutes Gefühl vermitteln und Ihnen dadurch Sicherheit geben können, wenn ein wichtiger Auftritt bevorsteht.

England gilt als Ursprungsland des Anzugs. Anfang des 20. Jahrhunderts wurden dort die Grundmuster entwickelt, die bis heute Gültigkeit haben und weltweit kopiert und variiert werden. Nach dem zweiten Weltkrieg gelang es allerdings italienischen Schneidern, dieses stilistische Monopol der Herrenmode zu brechen. Während englische Schneider auch heute noch die strengen, einstmals von der Oberschicht diktierten Kleidungsregeln erfüllen, werden in Italien Stoff, Farbe und Schnitt nach ästhetischen Gesichtspunkten ausgewählt. Die Italiener sind den Engländern in der Verarbeitung leichter Stoffe überlegen, was wahrscheinlich auf das zumindest im Süden des Landes deutlich wärmere Klima zurückzuführen ist. Aus beiden Ländern kommen heute Schnitte und Qualitäten, die einen guten Anzug ausmachen und sich weltweit durchgesetzt haben [25].

4.10.1.1 Ein- und Zweireiher

Inszenieren Sie Ihren perfekten Business-Auftritt im Anzug. Sie können Ihre ganz persönlichen Qualitätsmaßstäbe setzen, indem Sie sich an exzellenter Passform und hochwertigem Material orientieren. Für Männer, die Anzüge tragen, ist eine Regel besonders wichtig: Auch bei 30 °C im Schatten, selbst wenn die Klima-Anlage ausgefallen ist, behalten sie das Sakko bei offiziellen Auftritten oder bei wichtigen Besprechungen und Konferenzen an. Nicht ohne Grund, denn mit einem Jackett gewinnen Sie immer an Autorität. Zudem ist Schwitzen keine Frage der Temperatur, sondern vor allem abhängig von dem Material, das Sie tragen. Ein normaler Ganzjahresanzug bringt ungefähr 300 g pro Meter Stoff auf die Waage, das ist allerdings bei Temperaturen ab 28 Grad schnell zu warm. Empfehlenswert sind an solchen Tagen Anzüge aus leichten Stoffen unter 230 g pro Meter.

Das Signal zum Ablegen der Sakkos kann nur vom Ranghöchsten oder vom Gastgeber ausgehen. Trotzdem überlegen Sie sich gut, ob Sie diesem Angebot erleichtert Folge leisten: Wie lange haben Sie vorher schon unter dem Jackett geschwitzt? Wie sehen Sie aus, wenn Sie es jetzt ablegen? Und schlimmstenfalls: Wie riechen Sie? Ein aufmerksamer Gastgeber oder Vorgesetzter bietet deshalb seinen Gästen oder Mitarbeitern bei sehr hohen Temperaturen direkt bei der Ankunft an, die Jacken sofort abzulegen und aufzuhängen, dann bleibt optisch alles professionell und appetitlich. Übrigens gehört ein Sakko genau wie ein Mantel weder im Büro noch im Restaurant hinten über die Stuhllehne, sondern immer auf einen Bügel an die Garderobe.

Wie überall in der Mode finden sich auch bei Sakkos immer wieder neue Trends. Jeder muss für sich entscheiden, worin er sich wohl fühlt und was zu ihm passt. Doch es gibt ein paar Faustregeln, an denen Sie sich orientieren können. Sind Sie von Natur aus schlank, dann machen Sie in einem Einreiher eine gute Figur. Männern mit einer kräftigen Statur verhilft der Zweireiher zu einer guten Außenwirkung. Der Zweireiher war zwar in letzten Jahren nicht gerade modern, ist aber ein absoluter Klassiker. Und echte Trendsetter, gerade in England, tragen den Zweireiher schon wieder seit etwa drei Jahren. Es wird allerdings noch etwas dauern, bis das auch im Mainstream angekommen ist. Die doppelte Knopfleiste lenkt optisch ab und macht den Zweireiher zum perfekten „Bauchverstecker". Wegen seiner doppelten Reihe wirkt dieser Anzugklassiker etwas strenger und förmlicher als der Einreiher. Bei dessen Schnitt allerdings noch wichtiger als bei dem Einreiher: Er muss im Stehen und Gehen immer geschlossen werden, da die Revers sonst übereinander flattern. Auch für Herren, die sich gern klassisch kleiden, ist der Zweireiher eine gute Wahl. Für das Rückenteil gilt: Es gibt zwei Schlitze (englisch), einen Schlitz (amerikanisch) oder die geschlossene Variante (europäisch). Entscheidend ist allerdings die Passform beim Reverskragen. Dieser sollte sich dicht um den Hals schmiegen und niemals abstehen. Denn es sind Hals-, Schulter- und Brustbereich, die Ihr Gegenüber vor allem im Blick hat.

Je weniger Knöpfe, desto lässiger wirkt ein Anzug. Generell gilt, der unterste Knopf eines Sakkos bleibt immer offen. Das heißt, bei einem Zwei-Knopf-Sakko wird nur der oberste Knopf geschlossen, bei einem Drei-Knopf-Sakko entweder nur der mittlere oder die beiden oberen Knöpfe. Das gilt übrigens auch für Frauen. Denn einerseits schließen Sie Ihre Jacke zwar, um anderen Wertschätzung zu zeigen, aber andererseits und vor allem gewinnen Sie selbst enorm an Autorität und Kompetenz. Denn von dem Moment an, ab dem Ihr Sakko geschlossen ist, wird der Blick Ihres Gegenübers bei einem klassischen Hell-Dunkel-Kontrast direkt zu Ihrem Gesicht gelenkt. Ein Spiegel-Check wird Sie davon überzeugen.

Westen sind nicht immer ein Thema und wenn, dann oft nur zum festlichen Anzug. Bei einer Weste werden alle Knöpfe geschlossen, auch der unterste. Allerdings nicht in England, da Heinrich der VIII. die Weste über seinem dicken Bauch angeblich nicht schließen konnte, woraufhin das alle Höflinge nachahmten.

4.10.1.2 Perfekt im Hemd

Auch bei Hemden gibt es Einiges zu beachten. Die optimale Länge hat Ihr Ärmel, wenn er im Stehen mit herunterhängenden Armen am Daumenansatz endet – die Manschette sollte mindestens einen Zentimeter unter dem Jackenärmel hervorschauen. Achten Sie also darauf, dass Ihre Manschetten genügend weit sind, um problemlos über Ihre Armbanduhr zu rutschen. Bei den Kragenformen gilt der Kentkragen als Business-Klassiker. Die etwas extremere Ausprägung mit den noch weiter auseinanderstehenden Kragenspitzen ist der Haifischkragen. Sein großer Winkel bietet viel Platz für eindrucksvolle Krawattenknoten wie den Albrechtknoten oder den doppelten Windsor. Auch wenn der Button-Down-Kragen aktuell besonders von jungen Männern geschätzt wird, passt er nicht zum offiziellen Anlass. In den USA ist das Button-Down-Hemd hingegen zum typischen Business-Hemd avanciert. Das klassische Anzughemd hat allerdings weder einen Button-Down-Kragen noch eine Hemdtasche. Denn Taschen hatten ja die Westen, die früher immer über den Hemden getragen wurden.

> **Wissenswert: Der Button-Down-Kragen**
>
> Die Erfindung des Button-Down-Kragens resultierte aus der Not der englischen Polospieler: Damit ihnen im Galopp ihre Hemdkragenecken nicht dauernd um Kinn und Wangen flatterten, befestigten sie Ende des 19. Jahrhunderts die Spitzen mit Knöpfen an ihren Trikots. Der New Yorker Herrenausstatter John Brooks erkannte das bei einem Turnier in London und ließ daraufhin sportliche Tageshemden mit dieser Neuerung in Serie produzieren. So wurde seine Firma „Brooks Brothers" weltberühmt.

Bei sommerlichen Temperaturen ist es zwar verlockend, ein Hemd mit kurzen Ärmeln zu tragen, stilvoll ist das aber nicht. Denn ein Hemd mit langen Ärmeln wirkt nicht nur seriöser, sondern ist zudem viel hygienischer. So schützen Sie gerade bei Hitze die Jackettärmel Ihres Anzugs vor Schweiß und Hautfett. Ein Hemd kann man täglich waschen, Ihr Sakko reinigen Sie wahrscheinlich nicht so oft. Empfehlenswert sind an heißen Tagen Hemden aus leichter Ware wie *Voile* oder *Giro Inglese,* dem Lieblingssommerhemdenstoff der Italiener.

Auch im übertragenen Sinn empfehlen sich Langarmhemden, die notfalls sorgfältig hochgekrempelt werden. Das hat wesentlich mehr Stil und außerdem Signalwirkung: Sie krempeln die Ärmel hoch, um beispielsweise ein schwieriges Projekt mit Schwung zu Ende zu bringen. Als Barack Obama das erste Mal zum Präsidenten der Vereinigten Staaten von Amerika gewählt wurde, sah man ihn sowohl während des Wahlkampfs als auch hinterher selbst bei recht offiziellen Anlässen wie Gipfeltreffen nur bekleidet mit einer schwarzen Anzughose und einem weißen Hemd mit aufgekrempelten Ärmeln. Die Botschaft war für alle klar ersichtlich: „Yes we can – Ich krempele Amerika um!".

Die richtige Kragenweite finden Sie heraus, indem Sie den obersten Kragenknopf schließen. Dann sollten Sie immer noch einen Finger breit Platz zwischen Kragen und Hals haben. Überprüfen Sie deshalb lieber regelmäßig, ob der Kragen auch nach mehreren Wäschen noch passt, denn das kann ebenfalls wesentlich zum Wohlbefinden beitragen – nicht nur an heißen Tagen. Oben offene Hemdkragen unter einer Krawatte sind allerdings zu keiner Zeit eine Option, da die Krawatte bei jeder Bewegung ein Stück weiter herunterrutscht – und damit jeder den offenen Hemdkragen sehen kann. Das vermindert Ihren kompetenten Eindruck.

4.10.1.3 Krawatte, Schleife und diverse Knoten

Selbst, wenn es für Ungeübte nicht immer ganz einfach ist: Die Krawatte muss die richtige Länge haben – das heißt, sie endet, wenn Sie gerade stehen, mit der Spitze auf der Mitte der Gürtelschnalle. Empfehlenswerte Materialien sind Seide, Wolle oder feines Kaschmir. Mit einfarbigen Krawatten, kleinen Pünktchen oder Streifen können Sie nicht viel falsch machen. Zurzeit sind außerdem sehr feine, dezente Muster modern. Vermeiden Sie Motivkrawatten, Comic-Figuren oder große, geometrische Modelle. Auch Hobbys wie Golfen, Jagen oder Segeln haben auf den Krawatten nichts verloren – das waren Trends der 1980er und 1990er Jahre. Schräge Karomuster sind eine Modeerscheinung, nicht unbedingt klassisch. Sollten Sie deutlich über 30 Jahre alt sein, empfehlen sich zeitlosere Dessins.

ACHTUNG: Muster

Vorsicht bei gestreiften Krawatten in Großbritannien und Nordirland. Bestimmte Muster werden vom Militär benutzt oder signalisieren Zugehörigkeiten zu bestimmten Clubs und Universitäten. Die Streifen verlaufen in Deutschland und England übrigens aufsteigend von links unten nach rechts oben, in den USA umgekehrt, also abfallend.

Auch die Breite der Krawatten variiert, je nachdem, was gerade angesagt ist. Schmale Krawatten passen am besten zu eng anliegenden Anzügen und Sakkos mit schmalen Revers. Allerdings sollte dabei auch der eigene Figurtyp berücksichtigt werden. Auf einer breiten Brust wirkt ein schmaler Binder geradezu verloren. Kräftige Männer haben jedoch ohnehin ein Problem mit dem aktuellen Anzugtrend, sie passen in die schmalen Schnitte gar nicht hinein. Konsequenterweise sollten sie dann auch auf die fingerbreiten Krawatten verzichten.

Die bevorzugte Kragenform spielt ebenfalls eine wichtige Rolle. Wer besonders hohe oder stark gespreizte (Haifisch-)Kragen trägt, wird mit sehr schmalen Bindern, die einen sehr kleinen Knoten ergeben, nicht glücklich. Da aber in Zeitschriften und Anzeigen derzeit fast nur schmale Krawatten gezeigt werden, haben es Schlipse mit der hergebrachten Breite von neun Zentimetern im Moment sehr schwer. Denn auch wer sich an die extrem dünne Variante (4 bis 5 cm oder weniger) nicht traut, möchte wenigstens ein bisschen modisch sein. Also greifen viele zu der mittleren Breite von sechs bis sieben Zentimetern – das ist ein guter Kompromiss. Zahlenspiele allein reichen aber nicht aus, um die optimale Breite zu ermitteln, da hilft nur probieren. Wer auf die sehr modischen und vor allem jugendlichen Breiten von 4 bis 5 cm setzt, sollte selber sowohl sehr jung als auch sehr schlank sein – und vorzugsweise in einer lockeren oder kreativen Branche arbeiten.

Eine Zeit lang wurden besonders ausgefallene Krawatten-Modelle aus Leder, Metall oder Holz angeboten. Das sollten Sie vermeiden, wenn Sie in Ihrem Job ernst genommen werden wollen – es sei denn, Sie sind Designer oder Künstler. Achten Sie grundsätzlich darauf, keine hellen Krawatten auf dunklen Hemden zu tragen, das passt nicht ins Business. Für die Knoten gibt es keine feste Regel. Wer insgesamt eher schmal ist, einen schlanken Hals und einen schmalen Kopf hat, sieht mit einem einfachen Krawattenknoten (auch four in hand) oder einem einfachen Windsor-Knoten besser aus als jemand mit einer kräftigen Figur, breiten Schultern und einem großen Kopf. Der macht wiederum passend zu seinen eigenen Proportionen eher mit einem Haifischkragen und Doppelknoten (auch Prince-Albert- Knoten) oder dem doppeltem Windsor-Knoten eine gute Figur. In ihrem Buch „188 Façons de nouer sa cravatte" beschreiben Davide Mosconi und Ricardo Villarosa 188 verschiedene Krawattenknoten [26] – und laut „www.krawattenknoten.org" gibt es noch viele mehr. Es reicht allerdings für den normalen Gebrauch, wenn Sie die vier wichtigsten kennen.

Davon hängt der Krawattenknoten ab:

- Kragenform:
  - Der Haifischkragen erfordert einen breiteren Krawattenknoten als der Buttondown-Kragen (zum Beispiel Prince Albert oder doppelter Windsor)
- Höhe und Breite des Kragens:
  - Es gilt, die Lücke mit dem Krawattenknoten zu schließen
- Breite der Krawatte:
  - eine klassische Krawatte war ursprünglich 9 cm breit, in der Rock'n'Roll-Zeit waren es 7 cm, in den 70er Jahren sogar 12 cm
- Fülle und Geschmeidigkeit der Krawatte:
  - Ein dickeres Material erfordert einen kleineren Knoten
- Größe des Mannes:
  - Die Krawatte darf nicht zu lang werden
- Mode:
  - In den 90er Jahren der kleinere Krawattenknoten – heute der etwas breitere

4.10.1.4 Das Einstecktuch – Markenzeichen der Gentlemen

Seit einigen Jahren ist auch das ursprüngliche Markenzeichen der Gentlemen wieder da: das Einstecktuch (auch: Pochette).

Doch wird es heute anders getragen als früher. Gerade jüngere Männer stecken es sich ins Sakko. Dazu tragen sie Jeans und Poloshirt. Gefaltet wird das Tuch auf verschiedene Weisen – je nach Anlass. Für ein Geschäftsessen eignet sich die klassische viereckige Faltung. Dabei wird das quadratische Tuch in drei Schritten jeweils halbiert und dann eine der beiden kürzeren Seiten so weit hochgeklappt, dass ein kleiner Abstand zur Oberkante bleibt. Das Tuch schaut so noch etwa einen Zentimeter aus der Sakkotasche heraus. Hierfür empfiehlt sich in der Regel weißes Leinen. Lässig und locker sitzt das Tuch dagegen bei der Bauschfaltung in der Sakkotasche. Aber obwohl es immer wieder gern im Set mit der Krawatte angeboten wird, gilt es für Puristen als No-Go und Zeichen von schlechtem oder gar keinem Stil, wenn Pochette und Krawatte aus demselben Stoff mit demselben Muster sind. Ihr Einstecktuch sollte sich farblich nach den übrigen Kleidungsstücken richten, die Sie tragen, und deren Farbtöne in irgendeiner Form aufgreifen. Achten Sie beim Kauf darauf, dass das Einstecktuch nicht zu klein ist und eine handrollierte Kante hat.

4.10.1.5 Bart ab – (K)eine Trendfrage

Modisch gesehen haben Bärte gerade Hochkonjunktur. Sogar Anzugträger mit Bart sind in Werbespots zu sehen. Das gab es in dieser Kombination zumindest nach dem zweiten Weltkrieg noch nie. Ob der Bart businesstauglich ist, darüber herrscht keine Einigkeit. Eine australische Studie sagt sogar aus, dass bärtige Männer attraktiver wirken. Herausgefunden hat dies die Forschergruppe um

Zinnia Janif von der Universität von New South Wales in Sydney. Bei ihren Probanden (1453 Frauen, 213 Männer) rangierten die Glattrasierten stets am unteren Ende und die Stoppeln am oberen Ende der Attraktivitäts-Skala [27]. Bestätigt wird die Studie unter anderem von der Hamburger Soziologin Christina Wietig, die schon 2005 herausfand, dass Bart als Symbol urwüchsiger Männlichkeit, Gesundheit und Fertilität wirkt [28]. Und 2004 bescheinigte die Diplomarbeit der Psychologin Barbara Strauß von der Universität Kiel den Bartträgern neben sympathischer Wirkung auch mehr Intelligenz [29].

Die Business-Praxis aber ist eine andere. Obwohl sich der (Voll-) Bart international auf den Laufstegen durchgesetzt hat, kann er vielen Studien zufolge bei Bewerbungsgesprächen nicht grundsätzlich punkten – und ist dauerhaft der Karriere nicht eben förderlich. Zwar gibt es immer Ausnahmen, auch in den Chefetagen. Zwei bekannte Beispiele sind Dieter Zetsche von Mercedes und Fußballtrainer Jürgen Klopp. In den Führungsetagen der konservativen Businesswelt ist der Bart allerdings immer noch nicht angekommen. Hier gilt offenbar nach wie vor ein glatt rasiertes Gesicht als erfolgversprechender. Das lässt sich auch an den aktuellen DAX-Vorständen sehen. Dort findet Bart so gut wie gar nicht statt. Stil-Papst Bernhard Roetzel meint dazu: „Bärte polarisieren. Bärte können religiöse Bedeutung haben, für eine bestimmte Weltanschauung stehen, Grund für eine Trennung sein oder wenigstens ein Vorwand dafür. Bärte können einen Mann verunstalten oder zieren, Frauen finden Bärte an Schauspielern und Models sexy und bei ihrem eigenen Kerl grauslich. Ein echter Bart piekst eben immer nur den anderen" (Gentleman-Blog.de/2. Oktober 2012).

Obwohl ein Dreitagebart zumindest bei jungen Leuten im Trend ist und unbewusst mit Freiheit und Abenteuerlust verbunden wird, empfinden 39 % der Teilnehmer einer nicht repräsentativen Meinungsumfrage des Netzwerks Etikette Trainer International (ETI) im zweiten Halbjahr 2012 in Deutschland, Österreich und der Schweiz einen gepflegten Bart in konservativen Branchen als altmodisch. Für knapp 28 % strahlt ein Bart Gemütlichkeit aus, 17 % erleben Bartträger als zeitgemäß – aber nur 7 % halten sie für kompetent.

Und das Handelsblatt (5. März 2004) zitiert ein US-Studentenportal mit den Worten: „Kein Bart, es sei denn, Du interessierst Dich für einen Job als Holzfäller" [30]. Nun gibt es keine aktuelle Untersuchung, die zeigt, wie die Gesellschaft heute insgesamt zum Thema Bart steht. Mit Sicherheit lässt sich nur sagen, dass es zumindest in den lockereren Branchen wie Medien und IT ziemlich angesagt ist, mit Dreitagebart oder auch anderen Variationen bis hin zum Vollbart aufzutauchen. Ob sich das auch auf die Chefetagen insbesondere der konservativeren Branchen wie Beratungsunternehmen und Finanzdienstleister ausweitet – und wie lange dieser Trend dann anhält – bleibt abzuwarten.

4.10.1.6 Der Gürtel

Das Sakko sitzt, das Hemd ist frisch gebügelt und die Krawatte sorgfältig gebunden. So weit, so gut, aber auch alles unterhalb der Gürtellinie, also bei der Hose, muss stimmen, wenn es darum geht, einen guten Eindruck zu hinterlassen. Sie sollte vorn nur einmal einknicken, die Länge hinten ergibt sich aus der Weite des Hosenbeins. Je schmaler die Hose, desto kürzer ist sie (englische Länge). Normalerweise reicht das hintere Hosenbein bis zur Mitte der Fersenkappe. Ein Aufschlag oder Umschlag ist nicht immer modern. Er gilt als sportlich und ist für das Geschäftsleben eher nicht geeignet. Wenn überhaupt, dann zum Zweireiher oder für sportliche Hosen, zum Beispiel aus Cord. Je schmaler die Hose, desto breiter sollte der Umschlag sein.

Besitzt die Hose Schlaufen, was bei Herrenhosen immer der Fall ist, dann ist ein Gürtel ein „Muss". Ihren Gürtel wählen Sie in derselben Farbe wie Ihre Schuhe. Wer Stil hat, achtet darauf, dass die Gürtelschnalle die gleiche Metallfarbe hat wie die Armbanduhr. Schon Knigge lehrt: Der Gürtel muss zum Rest passen. So simpel das klingt, ist ein Fehlgriff doch schnell getan: Es blitzt immer noch vielerorts ein mit groben Nähten versehener Gürtel zu einem feinen Boxcalf-Schuh auf. Zu einem eleganten Schuh sollte immer auch ein klassischer Ledergürtel in schwarz oder braun gewählt werden.

> Hersteller von hochwertigen Herrenschuhen fertigen bei ihrer Produktion oft Gürtel aus exakt demselben gefärbten Schuhleder an.

Hosenträger sind klassisch und von daher nie wirklich aus der Mode. Achten Sie darauf, dass die Farbe der Träger zu der Krawatte passt. Die Originale werden an Knöpfen am Taillenbund der Hose befestigt, ansonsten gibt es heute meistens die Variante mit den Clips.

Wissenswert: Hosenträger

Im 16. Jahrhundert band man die Hosen einfach an das Wams. Im 17. Jahrhundert befestigte man es dort mit kleinen Haken oder verschnürte es wie ein Mieder rückwärtig in Taillenhöhe. Erst als gegen Ende des 18. Jahrhunderts sehr hohe, fast bis an die Brust heranreichende Hosen in Mode kamen, entdeckte man die vorteilhaften Eigenschaften der Hosenträger. Dennoch brach ihre große Zeit erst mit dem 19. Jahrhundert an, als die Schneider erkannten, dass eine Hose nur dann perfekt sitzt, wenn sie hängt – an Hosenträgern.

4.10.1.7 Die Wade bleibt verdeckt

Strümpfe tragen ganz wesentlich zur Gesamtwirkung des Outfits bei. In Deutschland richtet sich die Strumpffarbe immer noch nach der Farbe von Hose oder Schuhen. Zum Businessschuh gilt ein schwarzer, dunkelgrauer oder dunkelblauer Kniestrumpf als korrekt. In der Freizeit sind Farben und Muster erlaubt, so lautet die Grundregel. In letzter Zeit wird vor allem bei jüngeren Männern in konservativen Branchen die aus England übernommene Mode immer beliebter, bunte Strümpfe zum klassischen Anzug zu tragen. Dort trug früher nur der Adel, der nicht arbeiten musste, bunte Socken. Heute ist das ein bewusster Bruch mit den ungeschriebenen Gesetzen zum Thema Business-Kleidung und hat etwas von: „Ich setzte mich über Regeln hinweg". Aber wenn das alle machen, wie in England, ist auch das uniform und schnell abgenutzt.

Ein paar Mode-Regeln gibt es dennoch zu beachten: Zu offiziellen Anlässen ist der Kniestrumpf immer einfarbig.

Und – ganz wichtig – die Farbe des Strumpfes sollte sich in einem Kleidungsstück oberhalb der Taille wiederfinden, also in Hemd oder Krawatte. Dabei darf er nie heller als die Hose sein und – genau wie bei der Krawatte – sind Comic-Figuren, Weihnachtsmänner, Osterhasen oder andere Motive unpassend. Vermeiden Sie Kunstfasern, halten Sie sich an Baumwolle, Wolle oder Seide. Ganz entscheidend ist die Sockenlänge: Eine Business-Socke ist deutlich länger als eine normale Socke, sie reicht bis zur Mitte der Wade. Denn nichts ist weniger attraktiv als ein Stück weißes, stacheliges Männerbein, das zwischen Ende der Socke und Anfang des Hosenbeins herausguckt. Und nichts lenkt mehr ab von dem, was Sie gerade präsentieren. Also bitte niemals die Wade hervorblitzen lassen. Tragen Sie im Zweifel lieber richtige Kniestrümpfe.

4.10.1.8 Schuhe – Symbole des Erfolgs

Es ist ein Fehler zu denken, Schuhe seien vor allem Frauensache: Gepflegte Schuhe symbolisieren Status, Position und Erfolg eines Mannes. Allerdings kaufen insbesondere die deutschen Männer keine Schuhe, die ihrer Position würdig sind. Sie stehen auf eigenen Beinen – aber worin stecken ihre Füße? Häufig in Schuhen, die nicht ihren sonstigen Ansprüchen entsprechen. Dabei entscheidet die Fußbekleidung, ob wir gut angezogen sind: Der richtige Schuh kann eine mittelmäßige Garderobe retten, der falsche ruiniert den besten Look. Tragen Sie gepflegte, saubere Schuhe, die zu Ihrer Kleidung passen. Als „Einsteiger" benötigen Sie auf jeden Fall zwei Paar schwarze, hochwertige, rahmengenähte Glattleder Schuhe, da Schuhe mindestens einen Tag ruhen sollen nach jedem Tragen. Wildleder geht nur am Casual Friday oder in kreativen Branchen, Lack passt zum Frack und zum Smoking. Rahmengenähte Schuhe sind bequemer, leichter zu reparieren und halten länger als andere, was die Preise – ab 360 EUR aufwärts – relativiert. Klassische Schnürformen gibt es wenige, sie passen zu fast allen Outfits und geraten nie aus der Mode: Derby, Brogue und Oxford. Zurzeit im Trend ist auch der Monk mit einer oder zwei Schnallen. Das ist kein klassischer Büroschuh, er passt eher in die Freizeit, zum Casual Friday oder in lockerere/kreative Branchen. Das gilt auch für Chukka (schlichte Stiefelette zum Schnüren) oder Chelsea Boots (Stiefelette mit Gummizug an den Seiten).

Wissenswert: Brogues

Brogues gehen auf Hirten in Schottland und Irland zurück, die sich Löcher in ihre Schuhe bohrten, um das auf sumpfigem Boden in die Schuhe eingedrungenes Wasser wieder ausfließen lassen zu können. Gleichfalls unterstützten die Öffnungen eine schnellere Trocknung. Später wurde die Praxis über die Jäger des schottischen Adels allgemein gesellschaftsfähig. Im 18. Jahrhundert bewährte sich der Brogue bereits als fester Standardschuh der arbeitenden Landbevölkerung Großbritanniens [31].

Für einen makellosen Auftritt sind die Schuhe einfarbig. Klassisch und immer richtig ist Schwarz, modisch und passend zum italienischen Stil ist Braun. Auch Hellbraun wird aktuell getragen, ist aber nicht immer empfehlenswert.

Stellen Sie sich vor, Sie wollen einen wichtigen Vortrag halten oder ein neues Produkt präsentieren. Da sich die Aufmerksamkeit der Zuhörer immer darauf richtet, wo es hell ist, lenken Sie die Aufmerksamkeit Ihrer Adressaten auf Ihre hellbraunen Schuhe zum dunklen Anzug.

Slipper gelten in konservativen, etablierten Berufen in Europa immer noch als unpassend. In den USA sieht man sie auch im Büro, in Japan werden Gucci-Slipper sogar zum Smoking getragen. Aber selbst die schönsten Schuhe überzeugen nur dann, wenn sie angemessen gepflegt sind – und keinen abgelaufenen, schiefen Absatz zeigen. Schließlich steht immer jemand hinter Ihnen auf der Rolltreppe und hat damit Ihre Absätze auf Augenhöhe.

4.10.1.9 Ein bisschen Eitelkeit muss sein

Erfahrungsgemäß machen sich nicht allzu viele Männer etwas aus Schmuck. Die meisten tragen ihren Ehering und in den entsprechenden Positionen hochklassige Uhren. Wenn es weitere Ringe sein sollen, darf es im Geschäftsleben ein zusätzlicher schlichter Schmuck- oder Siegel- bzw. Wappenring sein. Auch eine gute Uhr ist selbstverständlich. Wo es passt, zeigen Sie mit edlen Manschetten-Knöpfen Stil; dagegen sollten Sie auf Ohrringe, sichtbare Halsketten und Armbänder verzichten. Verzichten sollten Sie in den meisten Branchen auch auf sichtbaren Körperschmuck wie Piercings und Tattoos.

Wohin mit Brieftasche, Smartphone und Geldbörse? Bitte nicht in die Hosen- oder Jackentaschen stecken. Denn wer dann sein Sakko schließt, hat von oben bis unten Beulen an seinem heutzutage oft modisch schmal geschnittenen Anzug. Das sieht nicht überzeugend aus. Selbstverständlich tragen Sie keine sogenannte Herrenhandtasche. Empfehlenswert sind stylische, edle und schlichte Ledermappen oder Laptop-Taschen, in denen man alles professionell unterbringen kann, inklusive Visitenkarten, Kreditkarten, Autoschlüssel, Taschenmesser, Tablet etc. Seien Sie ruhig eitel. Passend zu den Schuhen ist auch hier Schwarz die erste Wahl. Wer braune Schuhe trägt, sollte dann auch die passende Aktenmappe oder Laptop-Tasche in braun besitzen.

Verfeinern Sie Ihren Auftritt mit einem persönlichen Duft. Ein gutes Eau de Toilette ist diskret und frisch. Vermeiden Sie alles, was aufdringlich oder süßlich riecht. Vor allem: verwenden Sie es sparsam. Viel hilft viel gilt hier nicht.

Absolute No-Go's

- sichtbar aufbewahrte Kämme in den Taschen von Sakko oder Hose
- das Handy am Gürtel
- ein Schlüsselbund an der Hose
- Geldscheinbündel in der Hemdtasche
- loses Kleingeld in der Hosentasche
- dickes Portemonnaie in der Gesäß- oder Jackettasche

4.10.2 Tipps für Business-Frauen

Frauen haben eine deutlich größere Auswahl, wenn es um das richtige Business-Outfit geht. Fluch und Segen zugleich: Immerhin können Männer mit einem gut sitzenden Anzug nur wenig falsch machen. So einfach ist das für Frauen nicht. Dazu spielen sie noch nicht lange genug in dieser Liga mit. Umso wichtiger ist es, die Gratwanderung zu schaffen zwischen ernst zu nehmendem Business-Look und romantisch verspielter Weiblichkeit, zwischen Erotik und Attraktivität. Das gleicht manchmal einer Expedition durch ein Minenfeld. Denn um Erfolg zu haben, bewegen Sie sich stets in dem Spannungsfeld zwischen konservativ und trotzdem modisch, maskulin und doch feminin-attraktiv sowie kreativ und angemessen/angepasst.

Insgesamt belegen alle Studien, dass die Art und Weise, wie Frauen sich im Geschäftsleben kleiden, einen massiven Einfluss darauf hat, ob sie im Job weiterkommen und gefördert werden. Während Anzüge für Männer im weitesten Sinne immer „klassisch" wirken, neigen Frauen zu Mode und Trends. Doch etwas, das sich in der Regel alle sechs Monate verändert, gilt allgemein als nicht zuverlässig, nicht vertrauenswürdig. Ein wichtiger Grund für Frauen, die eine Management-Position anstreben, sich in puncto modischer Business-Kleidung zurückzuhalten. Wie im Krankenhaus, im Hotel oder bei der Deutschen Bahn gibt es auch in der Wirtschaft eine Art Uniform, eine Art von geheimen Codes, die Sie für Ihre Karriere kennen und berücksichtigen sollten, um leichter den Zugang zur Gruppe der kompetenten Wirtschafts-Lenker zu erhalten.

Eine Studie der amerikanischen Wissenschaftler Glick, Larsen, Johnson und Branstiter belegt darüber hinaus, dass erotische Kleidung Frauen offenbar für Managementfunktionen disqualifiziert [32].

4.10.2.1 Mit maskuliner Note überzeugen …

Die amerikanische Wissenschaftlerin Sandra Forsythe untersuchte, inwieweit die Kleidung weiblicher Bewerberinnen Personalentscheider dahin gehend beeinflusst, ob sie den jeweiligen Frauen Management-Qualitäten abnehmen und sie für eine Management-Position einstellen würden [33]. Für die Studie wurde 109 Personen aus dem Banken- und Marketing-Bereich Videos gezeigt, in denen sich vier Frauen um eine Management-Position bewarben. Sie trugen alle Business-Kostüme, die im Stil unterschiedlich maskulin wirkten. Wobei maskulin hier mit klaren, geraden Schnitten und dunklen Farben wie zum Beispiel Dunkelblau und weiblich mit eher weichen, runden, fließenden Silhouetten und hellen Farben wie Beige gleichgesetzt wurde. Die Votum der Studienteilnehmer war eindeutig: je maskuliner der Kleidungsstil, desto bessere Management-Qualitäten, wie Stärke und Aggressivität, wurden den jeweiligen Frauen zugeschrieben. Maskulinität wird also gleich gesetzt mit Führungsqualität [34].

Wenn Sie professionell wirken möchten, ist es darum nicht empfehlenswert, sich im Job mit romantisch-verspielter Kleidung zu präsentieren – egal, wie sehr Sie diesen Stil privat lieben. Der Teilnehmer einer Studie brachte es auf den Punkt: Er sagte in einem Interview, für ihn sei der Business-Anzug von Männern eine Art Rüstung, wie bei einem Ritter. Wenn man die anlege, sei man „gewappnet" fürs Geschäft. Männer trügen standardmäßig Anzüge, da sei kein Platz für Rüschen oder Ornamente. Ein Unternehmen sei dazu da, Geld zu verdienen. Und ein

Mitarbeiter sei dazu da, einen Job zu erledigen. Für Frauen sei das Jackett das Pendant zum männlichen Anzug [35].

Wenn Sie also professionell, attraktiv und erfolgreich aussehen wollen, sollten Sie im Geschäftsleben auf alles verzichten, was erotisch, verspielt oder witzig wirken könnte. Im Idealfall unterstreicht Ihre Kleidung die Stärken Ihrer Figur und kaschiert Schwächen. Frisur, Make-up und Brille sollten Ihr Gesicht und Ihren Typ unterstreichen, genauso wie die Farbe Ihrer Kleidung die Ihrer Haut und Ihrer Haare. Investieren Sie in einen guten Haarschnitt und vermeiden Sie grelle Haarfarbe und ausgewachsene Haaransätze. Dabei sollte es selbstverständlich sein, dass Sie sich altersgemäß und typgerecht anziehen sowie die Kleidung auf den jeweiligen Anlass abstimmen.

4.10.2.2 … und dabei Frau bleiben!

Trotzdem muss keine Frau wie ein Mann aussehen, um erfolgreich zu sein. Vielmehr kann jede Frau für sich selbst entscheiden, ob sie eher der Hosen- oder der Rock-Typ ist. Grundsätzlich sind Kombinationen – ein Blazer mit passender Hose oder Rock – immer eine gute Wahl, um professionell zu wirken. Auch ein schlichtes Kleid, eventuell mit Jacke oder Blazer ist passend. Wer Rock trägt, bitte in italienischer Länge, also „knieumspielend". Denn hübsche Beine in einem (zu) kurzen Rock werden nicht in die Kategorie „fachlich kompetent" einsortiert (Abb. 4.1).

Bei Oberteilen steht Qualität an erster Stelle. Dann darf es unter einem Blazer auch ein schlichtes, edles T-Shirt zum Beispiel aus feiner mercerisierter Baumwolle sein,

Abb. 4.1 Frauen wirken überzeugender in klaren Formen und dunkleren Farben. © Jan Rieckhoff

aber ohne Glitzersteine oder auffällige Muster. Ansonsten sind Hemdblusen oder Tops aus hochwertiger Baumwolle oder Seide die richtige Wahl. Am Casual Friday oder in legeren Branchen passen auch feine (Baum)Woll-Pullover, Twinsets oder Cardigans. Aber Vorsicht mit Stricksachen, unterschätzen Sie nicht den Kuschelfaktor. Auch elegante Strickjacken und Pullover haben nie die gleiche professionelle Ausstrahlung wie ein Jackett oder ein Blazer.

Der Blusenkragen kann heute sowohl in als auch über dem Revers des Jacketts getragen werden. Generell gilt immer noch, die Bluse gehört in den Rock bzw. in die Hose und wird nicht darüber getragen. Dies hat sich allerdings inzwischen etwas gelockert, schlichte Tops können genauso wie kurze Blusen auch über Rock und Hose getragen werden. Ein längeres Hemd/Oberteil sollte dagegen bei wichtigen Terminen nicht unter der Jacke herausschauen. Bei Gesprächen mit Kunden, Vorgesetzten oder Mitarbeitern sowie offiziellen Veranstaltungen sollten die Schultern immer, die Arme mindestens dreiviertel bedeckt sein. Absolutes No-Go im Büro: bauchfreie oder trägerlose Tops.

4.10.2.3 Schuhe – Qualität statt Quantität

Egal, was die Mode sagt, im Job gelten folgende Regeln: Tragen Sie keine auffallend dekorierten oder bunten Schuhe, auch derbe und zu sportliche Modelle sind im Büro ein No-Go. Und zu „high" dürfen Business- Heels nicht sein. Denn ein wackeliger, unsicherer Gang auf zu hohen Absätzen sorgt für Heiterkeit und stellt die

Kompetenz der Trägerin infrage. Wenn sich Könnerinnen beim Gehen bewusst oder unbewusst wie auf dem Catwalk in den Hüften wiegen, wirkt das entweder wenig stabil oder erotisch. Beides lässt nicht auf Managerqualitäten schließen. Weltweit sollten daher Schuhe im Business nicht höher sein als fünf bis maximal sieben Zentimeter. Pumps aus Glatt- oder Wildleder in neutralen Farben sind klassische Karriere-Schuhe. Und in einem sind sich alle einig: Für ein dynamischeres Fortkommen sind flachere Schuhe eindeutig von Vorteil, sie bieten Standfestigkeit und eine sichere Bodenhaftung.

Wenn Sie keinen Beschützerinstinkt wecken wollen, verzichten Sie im Job auf **Ballerinas.** Diese wirken mädchenhaft (runde Form, kleines Schleifchen) und zerbrechlich. Und Lackschuhe passen in erster Linie zu einem festlichen-eleganten Outfit oder in die Freizeit.

Ideale **Farben** für den Job sind Schwarz, Dunkelblau, Dunkelgrau, Dunkelbraun und Bordeaux-Rot. Knallige Frühlingsfarben, Nudetöne und Animal-Prints wie Leopard, Tiger oder Schlange gehören nicht ins Geschäftsleben. Vorn offene Schuhe, also Sandalen und Peeptoes (kommt von Peep-Show) sind im klassischen Business tabu. Hinten offene Varianten, sogenannte Sling-Pumps, wirken hingegen noch seriös und können mit Strümpfen getragen werden.

Elegante **Stiefel und Stiefeletten** sind auch in konservativen Branchen für den Job geeignet, allerdings nicht für offizielle Anlässe und in sehr hohen Positionen. Unpassend sind Biker-Boots und Cowboy-Stiefel, Nieten, Fransen und sonstige Verzierungen. Grundsätzlich sollen Schuhe gepflegt und heil sein. Nicht ausgetreten, keine abgelaufenen oder bezogenen Absätze, bei denen sich das Leder schon von unten nach oben hochrollt.

Schuhe sind ein **Statussymbol.** Sie zeigen damit, wer Sie sind – oder auch, wer oder was Sie sein wollen. Nutzen Sie diesen Effekt und setzen Sie deshalb auf Modelle aus bestem Leder von hoher Qualität und Verarbeitung.

Gürtel sollten zumindest in konservativen Branchen genau wie bei den Männern immer in derselben Farbe und im selben Material wie die Schuhe sein und schlichte Schnallen haben. Also im Büro bitte keine Nieten oder opulenten Schmuckschließen mit Strass-Applikationen. Wenn die Hose keine Schlaufen hat, muss eine Frau keinen Gürtel tragen.

4.10.2.4 Strümpfe sind immer noch Pflicht

Selbst bei großer Hitze tragen Frauen im Business weltweit Strümpfe zum Rock. Nackte Beine und nackte Füße mit rot lackierten Nägeln wirken immer erotisch und darum unpassend [15]. Es muss ja nicht unbedingt eine Strumpfhose sein – halterlose Strümpfe sind im Sommer eine gute Alternative. Seit über 20 Jahren wieder modern: Nudetöne in allen Variationen, aber nach wie vor ebenfalls geeignet für den Job sind Dunkelblau, Grau und manchmal in einer glatten, blickdichten Ausführung für Herbst und Winter auch Schwarz. Vorsicht ist geraten bei schwarzen Nylons zu Stilettos, denn hier gehen das Unterbewusstsein der Kollegen und vielleicht konkurrierender Kolleginnen schnell falsche Wege. Das Material sollte weder hoch glänzend (lässt die Beine dicker wirken!) noch ganz matt sein.

Verzichten Sie im Berufsleben auf Spitzenoptik, Netz- und Nahtstrümpfe. Wenn Sie im Sommer bei hohen Temperaturen allerdings eine lange Hose und einen geschlossenen Schuh tragen, ist es inzwischen auch nicht unüblich, dass Frauen dazu selbst im Business keine Strümpfe tragen.

4.10.2.5 Make-up erwünscht

Make-up, beziehungsweise dekorative Kosmetik, die farblich zu Ihrem persönlichen Pigmentierungstyp passt, dezent Ihre Stärken im Gesicht betont und Schwächen ausgleicht, ist durchaus gewünscht. Sie zeigen damit, dass Sie sich pflegen und Wert auf eine gute Ausstrahlung legen. Auch Nagellack passt ins Geschäftsleben, allerdings nur in zarten Nude-, Rosé- oder Perlmutt-Tönen. Achten Sie auf angenehmen Körpergeruch, parfümieren Sie sich dezent. Ein leichtes, frisches Eau de Toilette ist immer willkommen, solange kein schwerer, süßlich-betäubender Duft noch lange nach Ihnen im Raum hängen bleibt. Denn auch Ihr Duft und die Wahl Ihres Parfüms haben einen Einfluss darauf, wie und wo Sie einsortiert werden [36].

4.10.2.6 Glänzen, nicht glitzern

Auch beim **Schmuck** ist weniger mehr: Tragen Sie im Geschäftsleben nicht mehr als fünf Schmuckstücke zugleich. Ein Paar Ohrringe zählt zusammen als ein Schmuckstück, die Armbanduhr allerdings auch. Damit haben Sie maximal noch drei Stücke, die Sie ergänzen können – aber nicht müssen. Es spricht nichts gegen ein auffallendes Schmuckstück, so lange es sich in der oberen Körperhälfte befindet. Denn auffallende Gürtelschnallen mit Glitzersteinen wirken ebenfalls wie Schmuckstücke, allerdings ziehen diese die Aufmerksamkeit auf Ihre Körpermitte, also weg von Ihrem Gesicht. Eine kurze Kette oder ein Halsreif mit einem besonderen Anhänger sowie ein auffallender Ring, der beim Sprechen durch die Bewegung der Hände immer wieder die Aufmerksamkeit Ihrer Zuhörer zum Mund/Gesicht zieht, sind gut. Mehr als drei Ringe auf zwei Händen sind allerdings nicht empfehlenswert. Vorsicht mit Klimperschmuck wie Armreifen oder Sammelarmbändern, sie wirken verspielt.

Wenig stilvoll sind Sets, wie zum Beispiel Ohrringe, Halskette und Ring im gleichen Design. Das wirkt wenig gekonnt und langweilig. Auch bei den Ohrringen ist nicht jede Form für jede Gelegenheit geeignet. Hängeohrringe oder große Kreolen, die bei jeder Bewegung Kopfes schwingen, lenken die Aufmerksamkeit der Zuhörer zu sehr ab.

4.10.2.7 Körperschmuck – Piercings und Tattoos

Piercings reichen weit zurück in die Geschichte. Die Literatur ist voll von Beispielen exotischer Dekorationen und ritueller Praktiken mit Piercings und Tattoos [37]. Angefangen bei den ägyptischen Königen über griechische und römische Sklaven, Männer und Frauen im alten Persien und Babylonien, spanische, französische und englische Frauen, Azteken, Mayas und Inkas, Inder, Tibeter und Nepalesen sowie amerikanische Indianer bis hin zu Pubertätsritualen in Afrika und dem mittleren Osten.

Bodypaintings mit Henna gibt es in Asien und Afrika seit über 5000 Jahren [38]. Tattoos und Piercings galten als Erkennungszeichen in Militärgefängnissen und Motorradgangs – ABER: sie sind bis heute überwiegend hinderlich bei der Jobsuche. Sollten Sie also bereits Tattoos oder Piercings besitzen: Sorgen Sie dafür, dass die in konservativen Branchen niemand sieht – insbesondere im Dienstleistungsbereich. Denn nach amerikanischen Studien würden rund 87 % der Entscheider eher niemanden mit sichtbaren Piercings oder Tattoos einstellen – Ohrringe ausgenommen. So berichten beispielsweise auch Mitarbeiter mit entsprechendem Körperschmuck, dass dieser, wenn er sichtbar wurde, Beförderungschancen und weitere Schritte auf ihrer Karriereleiter verhindert hat [39].

No-Go's bei Frauen im Job:

* zu gewagte Dekolletés (Brustansatz darf nicht zu sehen sein)
* hautenge Kleider, Blusen, Röcke
* durchsichtige Blusen
* Stoffe mit Animal-Prints
* romantisch-verspielte Kleidung
* Laufmaschen
* Strumpfhosen mit großen Mustern

4.11 Die Brille bringt's

Anders als früher ist Brille heute kein Stigma mehr. Begriffe wie „Brillenschlange" sind fast ausgestorben, Kinder werden längst nicht mehr wegen ihrer Brille oder einem mit Pflaster zugeklebtem Auge gehänselt. Heute gilt die Brille als modisches Accessoire. Eine schier unendliche Auswahl an Farben und Gestellen macht es möglich. Sie unterstreicht das Image, das jemand nach außen zeigen möchte. Wer es sich leisten kann, besitzt gleich mehrere Gestelle und benutzt diese jeweils nach Anlass und Stimmung. Die „richtige" Brille lässt uns jünger, frischer und kompetenter aussehen. Und außerdem lassen sich hinter ihr Fältchen und Augenringe wunderbar verstecken.

Nach einer Allensbach-Studie von 2011 tragen 64 % aller Deutschen eine Brille. Personen, die eine Brille tragen, gelten automatisch als intelligenter, aber auch Eigenschaften wie vertrauenswürdig, erfolgreich und attraktiv werden in dem Zusammenhang genannt [40].

Der älteste Trick der Welt scheint also tatsächlich zu funktionieren. Brillen lassen uns klüger aussehen. Mit dem Bildungsgrad steigt auch die Zahl der Brillenträger. Nur 24 % aller Menschen ohne Schulabschluss tragen eine Brille, während es bei Studenten 53 % sind. Auch die intelligentesten „Helden" aus Kinderbüchern und Comics trugen schon immer eine Brille: Der Lehrer in der „Häschenschule", der Erfinder Daniel Düsentrieb ebenso wie Harry Potter.

Von daher ist das Ergebnis einer Umfrage der Londoner Hochschule für Augenoptiker nicht verwunderlich, nach der außerdem 36 % der Briten glauben, das Tragen einer Brille lasse sie professioneller wirken – und immerhin 40 % tragen bereits eine Brille, obwohl sie gar keine benötigen [41].

In vielen Image-Trainings bestätigen vor allem junge und blonde Frauen, dass sie mit Brille nicht nur ernst, sondern überhaupt zum ersten Mal wahrgenommen werden.

Literatur

1. Bischoff S (2008) Universität Hamburg. „Männer und Frauen im mittleren Management der deutschen Wirtschaft. Topmanager von morgen – wie sie arbeiten und leben, was sie denken". Personalführung 12/2009 Fachbeiträge, S 56–64

2. Behling W (1991) Influence of dress in perception of intelligence and expectations of scholastic achievement. Cloth Text Res J 9:1–7

3. Behling DU, Williams EA (1991) Influence of dress on perception of intelligence and expectations of scholastic achievement. Cloth Text Res J 9(4):1–7

4. Angerosa O (2014) Clothing as communication: how person perception and social identity impact first impressions made by clothing. Rochester Institute of Technology, Rochester

5. Pfann G, Biddle J, Hamermesh DS, Bosman C (2006) Business success and businesses beauty capital. Econ Lett 93(3):201–207

6. Motsch E (2016) Kleidung schafft Vertrauen und das auf den ersten Blick. Genders Dialog Society. http://www.gendersdialogsociety.com/kleidungschafft-vertrauen-und-das-auf-den-ersten-blick/. Zugegriffen: 30. Jan. 2016

7. Watzlawick P, Beavin JH, Jackson DD (2007) Menschliche Kommunikation. Formen, Störungen, Paradoxien. 11., unveränd. Auflage 2007. Huber, Bern, S 53–70

8. Adam H, Galinsky AD (2012) Enclothed cognition. J Exp Soc Psychol 48(4):918–925

9. Slepian ML, Ferber SN, Gold JM, Rutchick AM (2015) The cognitive consequences of formal clothing. Soc Psychol Person Sci 6(8):8. http://spp.sagepub.com/content/early/2015/04/02/1948550615579462.short. Zugegriffen: 27. Sept. 2016

10. Thielfoldt D, Scheef D (2009) Generation X and the new millennial: what you need to know about mentoring the new generations. Law Practice Today. http://apps.american-bar.org/lpm/lpt/articles/mgt08044.html. Zugegriffen: 13. März 2009

11. Hurrelmann K, Albrecht E (2014) Die heimlichen Revolutionäre, Wie die Generation Y unsere Welt verändert. Beltz, Weinheim

12. https://www.xing.com/news/klartext/warum-ich-meinen-54-000-mitarbeitern-das-du-anbiete-521. Zugegriffen: 15. März 2016, 22:30 Uhr

13. Koelbl H (2012) Kleider machen Leute. Hatje Cantz, Ostfildern

14. Scherbaum CJ, Shepherd DH (1987) Dressing for success: effects of color and layering on perceptions of women in business. Sex Roles 16(7/8):391–399

15. Gray K, Kobe J, Sheskin M, Bloom P, Barrett L (2011) More than a body: mind perception and the nature of objectification. J Person Soc Psychol 101(6):1207–1220

16. Cyrus K (2009) Hochattraktiv oder nur nicht unattraktiv: Was zählt bei der Partnerwahl? Vermeidung von Unattraktivität – ein negatives Attraktivitäts-Konzept? Inaugural-Dissertation zur Erlangung des Doktorgrades der Philosophie im Fachbereich G – Bildungs- und Sozialwissenschaften der Bergischen Universität Wuppertal, Remscheid

17. http://www.spiegel.de/unispiegel/jobundberuf/bewerbungs-fotos-die-gunst-des-kantigen-kinns-a-262041.html. Zugegriffen: 25. Jan. 2016, Veröffentlicht am: 21. Aug. 2003

18. Heller E (2004) Wie Farben wirken: Farbpsychologie – Farbsymbolik – Kreative Farbgestaltung, 8. Aufl. Rowohlt Taschenbuch Verlag, Hamburg

19. Studie der Hamburger Unternehmensberatung Pawlik Consultants. (Vor) Bild Verkäufer – von Krawatten, Koffern und Klischees, Okt. 2011

20. Johnson KKP, Schofield NA, Yurchisin J (2002) Appearance and dress as a source of information: a qualitative approach to data collection. Cloth Text Res J 20(3):125–137

21. Tucker L (2013) Perceptions of the brightness of clothes on level of status. Hanover College, PSY 344: Social Psychology. http://vault.hanover.edu/~altermattw/courses/344/papers/2013/Tucker.pdf

22. Heller, E (1989) Wie Farben wirken, Lizenzausgabe für die Büchergilde. Gutenberg Rowohlt Verlag, Reinbek, S 198 ff.

23. Maier MA, Elliot AJ, Lee B, Lichtenfeld S, Barchfeld P, Pekrun R (2013) The influence of red on impression formation in a job application context. Motiv Emotion 37(3):389–401

24. http://www.smithsonianmag.com/arts-culture/when-did-girls-start-wearing-pink-1370097/. Zugegriffen: 31. Mai 2016

25. Roetzel B (2009) Der Gentleman. Tandem, Berlin, S 91

26. Moscini D, Villarosa R (1985) Les 188 façons de nouer sa cravate. Flammarion, Brüssel

27. Janif ZJ, Brooks RC, Dixson BJ (2014) Negative frequency-dependent preferences and variation in male facial hair. Biology Lett. https://doi.org/10.1098/rsbl.2013.0958

28. Wietig C (2005) Der Bart, Zur Kulturgeschichte des Bartes von der Antike bis zur Gegenwart, Dissertation zur Erlangung des Doktorgrades der Philosophie des Fachbereichs Chemie der Universität Hamburg aus dem Institut für Gewerblich-Technische Wissenschaften- Fachrichtung Kosmetik und Körperpflege, Hamburg

29. http://karrierebibel.de/gesichtsbehaarung-bart-macht-attraktiv-und-schlau/. Zugegriffen: 20. Febr. 2012, 16.28 Uhr

30. CollegeGrad LLC collegegrad.com, Dressing for Interview Success. https://collegegrad.com/jobsearch/competitive-interview-prep/dressing-for-interview-success. Zugegriffen: 21. Nov. 16

31. Sternke H (2006) Alles über Herrenschuhe. Nicolai Verlag, Berlin

32. Glick P, Larsen S, Johnson C, Branstiter H (2005) Evaluations of sexy women in low- and high-status jobs. Psychol Women Q 29(4):389–395

33. Forsythe SM, Drake MF, Cox CA (1984) Dress as an influence on the perception of management characteristics in women. Home Econ Res J 13:112–121

34. Forsythe SM (1990) Effect of applicant's clothing on interviewer's decision to hire. J Appl Soc Psychol 20(19):1579–1595

35. Kimle PA, Damhorst ML (1997) A grounded theory model of the ideal business image for women. Symb Interact 20(1):45–68

36. Fiore AM, Soyoung K (1997) Olfactory cues of appearance affecting impressions of professional image of women. J Career Dev 23(4):247–263

37. Stewart C (2000) Body piercing: dangerous decoration? Emerg Med 32(2):92–98

38. Selekman J (2003) A new era of body decoration: what are kids doing to their bodies? Pediatr Nurs 29(1):77–79

39. Mallory M (2001) High cost of free expression: tattoos, body piercings rank high among damaging career moves. Chicago Tribune, 25. Juli, S 1 ff.

40. Leder H, Forster M, Gerger G (2011) The glasses stereotype revisited: effects of glasses on perception, recognition and impressions of faces. Swiss J Psychol 70:211–222

41. http://www.college-optometrists.org/en/college/news/index.cfm/Brits%20wear%20specs%20to%20impress. Zugegriffen: 31. Jan. 2016

5

Die neue Lockerheit

5.1 Digitalisierung und ihre Folgen

In einer Arbeitswelt, in der nichts bleibt wie es war, scheint eine neue Lockerheit bislang gültige Dresscodes und Etikette-Regeln abzulösen. Der Eindruck täuscht, denn selbst die neuen erfolgreichen Manager nutzen die ewig gültigen Signale der Macht. Sie tun dies auf eine andere und moderne Weise, aber Signale wie Farben, Körpersprache oder Mimik behalten ihre Wirkung und werden weltweit verstanden. Wir erleben nämlich keineswegs den Beginn eines Kulturwandels, auch wenn sich die Internet-Pioniere aus dem Silicon Valley auf den ersten Blick von den Managern aus der eher konservativen Wirtschaft unterscheiden.

© Springer Fachmedien Wiesbaden GmbH, ein Teil von
Springer Nature 2018
I. Vogelsang und E. Barth-Gillhaus, *Punkten in 100 Millisekunden*,
https://doi.org/10.1007/978-3-658-21887-4_5

Vielmehr ist und bleibt soziale Kompetenz gerade im digitalen Zeitalter einer der wichtigsten Erfolgsfaktoren. Outfit, Auftreten und Empathie entscheiden maßgeblicher über persönlichen Erfolg oder Misserfolg als Leistungsfähigkeit oder Fachkompetenz. Denn wir stecken Menschen in Bruchteilen von Sekunden in eine Schublade und sind in der Lage, Emotionen unserer Gesprächspartner in nur 40 Millisekunden zu erkennen – sogar während einer Videokonferenz am Monitor. Dabei werden wir von unseren Urinstinkten geleitet. Trotz neuer Lässigkeit, unabhängig von Lifestyles, Ugly-Looks und Trends bleibt der in Jahrtausenden entwickelte Code die Basis von Erfolg und Macht. Selbst in Zeiten grundlegender Veränderungen in Gesellschaft und Berufswelt sprechen Körperhaltung, Mimik und Farbsignale eine Sprache, die von jedem verstanden wird.

Wir leben in einer Zeit tief greifender Veränderungen, die Politik, Gesellschaft und Arbeitswelt gleichermaßen und in unbekanntem Ausmaß betreffen. Allein ein Blick auf die Start-up-Szene macht deutlich, wie stark der Wandel ist, den die Digitalisierung auslöste und nun unermüdlich antreibt. Die Smartifizierung des Alltags ist nicht mehr zu stoppen und künstliche Intelligenz längst keine Utopie mehr. Die Konsequenzen sind unübersehbar, die Zeichen sichtbar: So laden junge Multimillionäre in schwarzen Jeans, Hoodies und Sneakers an den Füßen zur Bilanzpressekonferenz ihrer Start-up-Unternehmen ein. Im neuen Selbstverständnis werden derartige Auftritte zum Beispiel bei Amazon „Playdays" genannt, in deren Rahmen sich im Juni 2017 die Top-Manager dieses

Online-Händlers in einer bunt dekorierten Halle in Berlin der europäischen Presse vorstellten.

Ob Handel, Dienstleister, Mode oder Software: Überall wirbeln Start-ups die Welt durcheinander, „lehren die Profiteure der alten wirtschaftlichen Strukturen das Fürchten oder machen sie mit ganz neuen Ideen sogar überflüssig" [1]. Darin liegt ein maßgeblicher Grund dafür, dass der Konflikt der Generationen, der sich von Anbeginn an immer wieder aufs Neue vollzieht, eine völlig neue Qualität bekommt. Denn mit der Digitalisierung verfügen die nachwachsenden Generationen über Wissen und Instrumente, welche sie bei der Bewältigung des Alltags und im Berufsleben überlegen machen können und machen. Erfahrung und Kompetenz der „Alten" sind nicht mehr das A&O bzw. die einzigen Stufen der Erfolgsleiter.

Damit verbunden ist der Verlust der Vorbildfunktion und der Autorität für die lang gedienten „Wissenstanker", die gleichwohl von den Unternehmen gebraucht werden. Doch die Kommunikation und das Zusammenarbeiten der Generationen ist wohl eine der größten Herausforderungen in der modernen Arbeitswelt. Selbst in konservativen Branchen wie zum Beispiel dem Bankenwesen sind die Onliner ernst zu nehmende Wettbewerber geworden, die im Umgang mit Kunden und Mitarbeitern einen völlig neuen Ton anschlagen. So hat sich eben auch ein wertkonservatives Unternehmen wie die Hamburger Sparkasse zur schlipsfreien Zone erklärt – bis in die höchste Führungsetage hinein. Das war vor gar nicht langer Zeit nicht nur hier ein No-Go. So gab es bei Thyssenkrupp die Regel: Wer unter Aufsichtsratschef

Gerhard Cromme etwas werden wollte, trug hand-
genähte Schuhe, maßgeschneiderte Anzüge mit Einstecktuch und die Manschetten schauten zwei Zentimeter
unter den Anzugärmeln hervor [2]. Inzwischen fühlen
sich nur noch wenige an derart strenge Kleiderordnungen
gebunden und auch das „Sie" fällt immer öfter der ver-
meintlichen Modernität zum Opfer. Nicht nur eine
Frage der Generationen, denn selbst die Alten passen sich
diesem Trend an und fühlen sich von dem Lifestyle der
neuen Shooting-Stars unter den Managern unter Zug-
zwang. Die Veränderungen in der Arbeitswelt werden
weiter gehen. Nicht ändern aber werden sich die genetisch
und evolutionsbedingten Signale, die Menschen über
Köpersprache, Mimik, Kleidung aussenden. Zum Beispiel unterstreicht derjenige, der im Business das Sagen
hat, diese Tatsache vorzugsweise mit Kleidung in dunklen
Farben. Die bevorzugte Hoodie-Farbe der Start-up-
Gründer ist ebenfalls sehr häufig Schwarz.

5.2 Parallele Arbeits- und Lebensmodelle

Schon immer mussten im Schnitt vier Generationen
miteinander auskommen, um im Idealfall zum
eigenen Wohl und dem eines Unternehmens gedeih-
lich zusammenzuarbeiten. Doch die Spielregeln haben
sich geändert und die tonangebenden Verhältnisse
scheinen sich umzukehren. Nicht nur, dass die Digital
Natives als Träger des Zukunfts-Know-hows eine der

Überlebenschancen für die Unternehmen darstellen: Zugleich macht sich fehlender Nachwuchs schmerzlich bemerkbar. Bevölkerungsrückgang und die permanent steigende Nachfrage nach Erwerbstätigen verschärfen die Situation. Nach Berechnungen des Statistischen Bundesamtes lag die Zahl der Erwerbstätigen im Jahr 2017 um 1,5 % über Vorjahr [3].

Mit dieser höchsten Zunahme seit 2007 setzte sich der seit 12 Jahren anhaltende Anstieg der Erwerbstätigkeit dynamisch fort. Eine gesteigerte Erwerbsbeteiligung der inländischen Bevölkerung sowie die Zuwanderung ausländischer Arbeitskräfte gleichen negative demografische Effekte zwar aus, dennoch stöhnen Unternehmen unter Personalnot und reagieren mit neuen Arbeitskonzepten. New Work ist das Stichwort, das im Kampf um die besten Köpfe fällt, wobei modernste Arbeitsweisen/-bedingungen und der Wohlfühlfaktor für die Mitarbeiter zum Maximum verbunden werden. Basis des Wohlfühlens: Arbeiten wo und wann man will auf Vertrauensarbeitszeit. Leitbilder für die Wohlfühloffensive kommen von den Techkonzernen aus dem Silikon Valley. Diskussionswürdiger Nebeneffekt: Fast unbemerkt wird dabei das Privatleben immer mehr an den Arbeitsplatz verlagert, der mit Friseur, Wäscheservice, Hotelzimmer, Biogarten und/oder Fitnessstudio zur Komfortzone mutiert, die keiner gerne verlässt. Das Motto: „Du musst gar nicht mehr vom Arbeitsplatz weg, wir haben alles für Dich", fasst die Arbeitspsychologin Prof. Dr. Anna Steidle diese Entwicklung zusammen. Strategien, die längst nicht mehr nur in der Internetszene realisiert werden. Selbst die Lufthansa setzt auf flexible Arbeitszeiten und schafft in Frankfurt die

Abb. 5.1   New Work – Moderne Bürolandschaft. © Jan Rieckhoff

festen Schreibtische ab. Ähnliches geschieht bei Siemens (Abb. 5.1).

Globalität, Mobilität, Digitalisierung und die wachsende Komplexität des Wissens verändern Wirtschaft und Arbeitswelt in einem immer schnelleren Tempo. Dienstleistungen sind ebenso wie Fertigungsprozesse betroffen. Überall werden starre Arbeitskonzepte bzw. zuverlässige Arbeitsplätze abgelöst durch flexible Arbeitsformen, parallele Arbeits- und Lebensmodelle. Betroffen sind der Arbeitsplatz ebenso wie die Arbeitszeit, das Team/die Kollegen und sogar die Dauer des Arbeitsvertrages, welcher immer öfter Projekte beinhaltet und damit nur noch eine kurze planbare Zukunft für die Mitarbeiter definiert. „Unternehmen müssen Rahmenbedingungen schaffen, die die Eigenverantwortung der Mitarbeiter stärken und sie so produktiv und kreativ wie möglich sein lassen", fordert zum Beispiel Gloria Alvaro von der Organisationsberatung Leitwandel GbR, Wiesbaden. Zum gleichen Ergebnis kommen auch mehrere wissenschaftliche Studien, u. a. die „Office 21 – Zukunft der Arbeit" Studie des Fraunhofer Instituts [4].

Die Suche nach der Work-Life-Balance ist also auf allen Seiten noch voll im Gange. Allerdings kann es dabei auch zu Missverständnissen kommen. Denn Wohlfühl-Arbeitskonzepte setzen die Spielregeln des menschlichen Miteinanders keineswegs außer Kraft. Auch in Start-ups kommunizieren die Mitarbeiter über Körpersprache und Mimik, signalisieren Bekleidung und vor allem Farben Position und Rolle der Einzelnen. Bei aller zur Wohlfühl-Arbeit gehörenden Lässigkeit greifen die Männer der Führungsebene auch heute instinktiv bei ihren Jeans/Chinos und Shirts/T-Shirts zu Schwarz, Dunkelgrau oder Dunkelblau – unabhängig davon, was Modemagazine propagieren. Weil die meisten bewusst oder unbewusst in wichtigen Situationen auf die „mächtigen" dunklen Farben zurückgreifen. So war der schwarze Rolli von Steve Jobs ein weltweit gültiges Machtsignal und bei entscheidenden Prozessen trugen sowohl er als auch Marc Zuckerberg vor Gericht ganz selbstverständlich einen dunklen Anzug mit Krawatte.

Signale, derer sich Frauen, die sich im Job durchsetzen und auf der Wirkungsebene mit den Männern gleichziehen wollen, zu wenig bedienen. Womöglich liegt es auch daran, dass Frauen in deutschen Start-ups noch in der Minderheit sind. Nur in rund jedem vierten Start-up (28 %) gehören Frauen zum Gründungsteam und auch unter den Beschäftigten kommt auf drei Männer gerade einmal eine Frau. Der Frauenanteil beträgt im Durchschnitt 27 %. Nur in jedem sechsten Start-up (17 %) ist mindestens die Hälfte der Beschäftigten weiblich. Das ist das Ergebnis einer Umfrage im Auftrag des Digitalverbands Bitkom unter mehr als 250 Start-up-Gründerinnen und -Gründern [5]. Dabei handelt es sich nicht um ein deutsches Phänomen. Unter 160 Gründern europäischer Tech-Unternehmen, die mit mehr als einer Milliarde Dollar bewertet werden, sind laut Investmentbank GP Bullhound 96 % männlich.

5.3   Generationen im Wertewandel

Bewerbungen für einen Arbeitsplatz im Büro warten aus heutiger Sicht mit anderen Werten und Fertigkeiten auf. So loben Millennials in ihren XING-Profilen ihre soziale Kompetenz aus, während ältere sich über Hard Skills, sprich berufliche Qualifikation, profilieren. Interessant wird der Auftritt der Generation Alpha, also der Kinder der Millennials, die das Scrollen lernen bevor sie reden können. Komplett im 21. Jahrhundert aufgewachsen, werden sie über andere Kommunikationsmittel verfügen, ihr Miteinander, ihre Einstellung zur Arbeit und die Art ihrer Arbeit werden gänzlich anders sein. Immerhin bezeichnet der australische Sozialforscher und Erfinder des Begriffs „Generation Alpha" Mark

	Babyboomer ungefähr ab 1950	Generation X ungefähr ab 1965	Generation Y ungefähr ab 1980	Generation Z ungefähr ab 1995
Alternative Namen	Generation Jones	Generation Me	Millennials	Homeland
Präsidenten	Kennedy / Brandt	Reagan / Schmidt	Clinton /Kohl	Obama/Merkel
Musiker	Woodstock / Peter Kraus	Nirvana / Die Toten Hosen	Red Hot Chili Peppers / Die fantastischen Vier	Miley Cyrus / Conchita Wurst
Damenbekleidung	Minirock	Hot Pants	Leggings	Normcore
Filme	Easy Rider / Zur Sache Schätzchen	Reality Bites / Angst essen Seele auf	500 Days of Summer / Lola rennt	Tribute von Panem/ Fack Ju Göhte

Abb. 5.2 Klassifikatorische Merkmale der 4 Generationen, aus: Scholz C (2014) Generation Z, S. 33. © Wiley-VCH Verlag GmbH & Co. KGaA. Reproduced with permission

McCrindle den Sprung von Gen Z (ab 2000 bis 2015) zur Gen Alpha als den bedeutendsten in der Geschichte [6]. Während sich also die Erwachsenenwelt der Generation Alpha noch entwickelt, machen Momentaufnahmen der aktuell agierenden Generationen deutlich, warum sie sind, wie sie sind. Und vor allem, wo die Probleme des Miteinanders liegen, die sich auch in allen Fragen der beruflichen Etikette niederschlagen (Abb. 5.2).

5.3.1 Babyboomer: Mit Tugend zum Erfolg

Die „Babyboomer" (1950 bis 1964) wurden von Traditionalisten großgezogen. Fleiß, Disziplin und Gehorsam galten als Tugenden und die Familienmitglieder folgten einer klaren Rollenteilung. Dann müssen die Babyboomer erleben, wie Grenzen fallen: Der erste Mensch landet auf dem Mond, Urlaubsreisen ins Ausland erweitern die Perspektive, Popmusik erobert die Welt. Die 60er Jahre werden von dramatischen Veränderungen auf bildungspolitischer, wirtschaftlicher und sozialer Ebene geprägt. Und in der Berufswelt lösen Diversität und Wettbewerb die vormals homogenen, patriarchischen Strukturen ab. Nur wer sich im Wettbewerb behauptet, hat eine Chance auf Karriere und Aufstieg. Dazu gehört selbstverständlich das Tragen typischer Business-Kleidung. Das bedeutet in klassischen Branchen: Anzug mit Krawatte für die Männer, Hosenanzüge oder Rock plus Jackett für die Frauen.

5.3.2 Generation X: macht Jeans bürofähig

Ihre „Nachfolger" – die **„Generation X"** (1970 bis 1985) – erfahren ein Leben ohne Kriegseinwirkung. Auf der Kehrseite stehen erstmals weniger Wohlstand und ökonomische Sicherheit. Während zunehmend beide Elternteile berufstätig sind, wachsen viele Kinder der Generation X als „Schlüsselkinder" auf, die ihre Freizeit zum Großteil mit Fernsehen, Video- und Computerspielen verbringen.

Steigende Scheidungsraten, Ölkrisen in den 70er und frühen 80er Jahren, Tschernobyl, Ozonloch, aber auch AIDS und Drogen führten zu gesellschaftlicher und politischer Unsicherheit. Die geburtenschwachen Jahrgänge dieser Generation verfügen über ein relativ hohes Bildungsniveau, zeigen ein ausgeprägtes Konsumverhalten, aber auch Interessenlosigkeit, Oberflächlichkeit und Egoismus. Ihr Berufseintritt wurde durch den technischen Fortschritt, Umweltschutz und erfolgreichen

Integrationsprozess der EU begleitet, aber schon kurz darauf durch Konjunkturkrise, wachsende Arbeitslosigkeit und Perspektivlosigkeit gekennzeichnet. Für die Generation X ist Arbeit zentraler Lebensinhalt, aber diese Generation ist nicht karriereorientiert und arbeitet häufig in Bereichen, die sie langweilen. Damit tritt auch der Business-Effekt in ihrer Kleidung in den Hintergrund: Sie machen Jeans bürofähig, tragen Pullover und die ersten Turnschuhe tauchen am Arbeitsplatz auf. Ein Trend, der in immer mehr Branchen „salonfähig" wurde.

5.3.3   Generation Y: geprägt von der Start-up-Kultur

Die „Generation Y" (1985 bis 2000) wird oft auch als „Generation Praktikum" bezeichnet. Sie lebt im Jetzt und ihr Motto lautet „Geht nicht gibt's nicht!". Gutes Leben ist wichtiger als Wohlstand. Die Sinnfrage wird zum Kompass und führt zu offenen Lebensentwürfen. Die Vertreter dieser Generation bezeichnet Klaus Hurrelmann als Ego-Taktiker [7]. Sie haben viele Möglichkeiten und gleichzeitig Angst vor dem Abstieg. Gut ausgebildet lebt die Generation Y im Beruf und verfügt über eine eingebaute Burn-out-Sperre. Der Chef wird als Partner und Coach gesehen und ein gutes Betriebsklima ist wichtiger als die Work-Life-Balance. Die typische Business-Kleidung ist geprägt von der Start-up-Kultur. Danach scheint fast alles erlaubt zu sein, was gefällt: Jeans, Hoodies, Birkenstocks, Sneakers von Nike und adidas, Chelsea- und Biker-Boots. Selbst die Alten ziehen mit, imitieren die Jungen und erscheinen in Jeans, T-Shirts und Sneakers im Büro. Und die Modebranche reagiert. Sie entdeckt zwar für die jungen Kundinnen, die den Klassik-Blazer noch nie wahrgenommen haben, dieses Kleidungsstück wieder. Aber die neuen Blazer sind anders, werden vor allem über „Hoodies" und Athleisure-Shirts getragen, so empfiehlt es die Fachpresse [8]. Generell wird gesucht, was die „Formalwear" belebt, anders, individueller, neuer macht und doch formal bleibt.

5.3.4 Generation Z: trägt, was angesagt ist

Kein anderes Konzept prägt die Welt der Digital Natives, der Generation Z (2000 bis 2015), besser als die Cloud. Diese Generation ist immer online. Ihre Maxime ist Flexibilität, Grenzenlosigkeit und Offenheit. Und weil Wissen überall online verfügbar ist, muss es nicht mehr von Eltern und Lehrern vermittelt und erst recht nicht im Kopf gespeichert werden. Glaubenssatz der Generation Z: „Fragen Sie nicht, was Sie für Ihren Arbeitgeber tun können, sondern was die Unternehmen für Sie tun, um die raren Talente an sich zu binden." Das führt zu Unmut in den Unternehmen, denen diese Generation als arrogant erscheint. Schon in Bewerbungsgesprächen werden individuelle Entwicklungsmöglichkeiten, Vereinbarkeit von Beruf und Privatleben, Sonderurlaube und frühe Feierabende nachgefragt. Loyalität und Verantwortung sind dagegen Fremdwörter und ein gutes Betriebsklima wird zur unternehmerischen Bringschuld. Gemäß dem „YoLo"-Prinzip (You only live once) steht die

	Babyboomer ungefähr ab 1950	Generation X ungefähr ab 1965	Generation Y ungefähr ab 1980	Generation Z ungefähr ab 1995
Grundhaltung	Idealismus	Skeptizismus	Optimismus	Realismus
Hauptmerkmal	Selbsterfüllung	Perspektivenlosigkeit	Leistungsbereitschaft	Flatterhaftigkeit

Abb. 5.3 Diskontinuierliche Merkmale der 4 Generationen, aus: Scholz C (2014) Generation Z, S. 33. © Wiley-VCH Verlag GmbH & Co. KGaA. Reproduced with permission

Maximierung von Lebenslust und Einkommen an erster Stelle. Hier kann die Frage nach der typischen Business-Kleidung noch nicht beantwortet werden. Es ist nur wichtig dazu zu gehören, sich anzupassen an den Style, der angesagt ist. Dabei fehlt für knallige Outfits den meisten der Mut. Es zeigt sich, dass die Macht der Signale über die Generationen hinweg wirkt (Abb. 5.3).

5.4 Feel Good – auf der Suche nach der Work-Life-Balance

Nie zuvor haben so unterschiedlich geprägte Mitarbeiter/innen – von den Nachkriegsgeborenen bis zur Azubi-Generation – unter einem Dach gearbeitet. Das stellt das Management vor Herausforderungen, denn die Arbeitsimpulse der Generationen müssen für ein produktives Miteinander aufeinander abgestimmt sein. New Work heißt die Antwort, die allerdings je Generation auf unterschiedliche Reaktionen trifft.

Denn während die Zukunft für die „Babyboomer" noch rosig war und für die „Generation X" eher entmutigend, fragt sich „Generation Y", ob sie überhaupt eine Zukunft hat. Darum wollen gerade diejenigen, die jetzt das Bild des Arbeitsmarktes bestimmen, lieber das Leben in vollen Zügen genießen. Sie leben nicht, um zu arbeiten, sie arbeiten, um zu leben. Und sie sind zahlenmäßig zu wenige. Darum hat die „battle for the fittest" begonnen. Für diese gibt es Bürokonzepte mit Plätzen für konzentriertes Arbeiten (Think Space), Großraumbüros für Routinearbeiten (Accomplish Space), Plätze für Meetings (Share & Discuss Space) sowie für Teamprojekte (Converse Space). Unternehmen investieren massiv, um einerseits ihr Image zu transportieren und andererseits Mitarbeiter zu motivieren. Während einige Unternehmen den Spieltrieb der Mitarbeiter bedienen, um deren Kreativität zu fördern, setzen andere auf luxuriöse, exklusive Wohnlandschaften mit Chill-out-Ecken, bequemen Sofas und designigen Besprechungsräumen.

Ein Beispiel ist das neue Google-Hauptquartier für 7000 Mitarbeiter, das in London elf Stockwerke hoch gebaut wird. Neben offen gestalteten Büroflächen wird es weiträumige Erholungsareale geben. Darunter einen 25-Meter-Swimmingpool, ein Fitnessstudio mit Kletterwand sowie Basketball-, Fußball- und Badmintonplatz. Dazu kommen eigene Cafés und Präsentationsräume samt einem Auditorium mit 210 Plätzen. Auf dem Dach soll eine Gartenlandschaft mit Wiesen, Bäumen, einer Jogging-Strecke und einem Amphitheater angelegt werden. Wie bereits Apples neues Hauptquartier soll auch das Google Building möglichst ökologisch arbeiten.

Auf dem Dach wird Regenwasser gesammelt, im Untergeschoss wird eine eigene Recyclinganlage installiert und Solarpaneele sollen bis zu 19.800 kWh an elektrischem Strom liefern [9].

In der neuen Berliner Zalando-Zentrale, für die im Januar 2018 Richtfest gefeiert wurde, werden die drei Chefs zusammen an einem Tisch sitzen, für die Mitarbeiter gibt es Loungebereiche neben den Großraumbüros, einen halben Basketballplatz auf dem Dach und einen Raum für Yoga und Pilates. Außerdem ist eine Kita mit 60 Plätzen für die Kinder der Beschäftigten geplant [10]. Aber nicht nur die moderne Büro-Hardware ist aufs Wohlfühlen getrimmt. Feelgood-Manager sorgen als moderne und gut bezahlte Kümmerer dafür, dass es in den neuen Büros auch produktiv menschelt. Und für die Teambildung wird schon mal gemeinsam gekocht. Im Mittelstand wird Arbeit ebenfalls mit Wohlfühlen gleichgesetzt. Die Modemarke Riani in Schorndorf beispielsweise ließ sich ihren Neubau rund 12 Mio. EUR kosten. Alle Büros locken mit einem Blick auf die Weinberge, und auf der Dachterrasse genießen die 120 Mitarbeiter im Sommer die Spezialitäten einer Outdoor-Küche. Abends trifft man sich zur Grillparty, montags zur Rückenschule im eigenen Day Spa [11].

Nicht nur die jungen Generationen können solche Arbeitsumfelder genießen. Allerdings entwickeln diese im Sinne von Work-Life-Balance, Sabbaticals und Sinnhaftigkeit erstaunliche Ansprüche, während die monetäre Seite in den Hintergrund zu rücken scheint. Die jüngsten Bürokonzepte greifen diese Strömungen auf. Aber ab einem gewissen Grad gibt es ein Problem, kommentiert

Martin Kaelble, Leitung Digital bei dem Wirtschaftsmagazin Capital, in seinem Artikel „New Work vs. Old Work" [12]: Wenn die Antwort auf Work-Life-Balance nur noch „Life" ist, ist es keine Balance mehr. Und vor allem macht dann keiner mehr die Arbeit.

5.5   Unsichere Zeiten

Für alle, die Wirkung erzielen, Anerkennung, Erfolg erreichen wollen, ist es wichtig, ja sogar wichtiger denn je, den ersten Eindruck bewusst und bestmöglich zu steuern. Denn jeder hat es selbst in der Hand, wie er/sie wahrgenommen wird. Auch in Zeiten der neuen Lockerheit prägen Attraktivität, Kleidung und Körpersprache den ersten Eindruck. Vor allem die beiden letzten Faktoren können Sie selber beeinflussen, weil Sie nicht in erster Linie mit der angesagtesten Mode, sondern mit dem Beherrschen uralter Signale punkten können. Dagegen lassen sich die Fragen zur neuen Lässigkeit, zum Duzen und Siezen sowie zu neuen Dresscodes nicht einfach pauschal für alle gleichermaßen beantworten. Erst recht nicht, weil jede Firma und jeder Mitarbeiter unter der neuen Lässigkeit etwas anderes versteht. Diese geht einher mit einer allgemeinen Verunsicherung. Früher wusste jeder, was Business-Kleidung bedeutet: dunkler Anzug und Krawatte für den Mann, dunkles Kostüm oder dunkler Anzug für die Frau. Heute gibt es so viele Variationsmöglichkeiten und so viele Stile, Individualismus wird großgeschrieben, jeder will „authentisch" sein und dem Zeitgeist entsprechend locker. Aber nicht jeder ist locker, insofern wirkt auch nicht jeder mit der neuen Lässigkeit authentisch. Hier gilt es also, für jedes Unternehmen individuell und situationsgerecht Richtlinien zu erarbeiten, mit denen sich sowohl Mitarbeiter als auch Führungskräfte wohl fühlen – und die zugleich den Geschäftserfolg unterstützen.

Die Wirkung von Farben spielt dabei weiterhin eine – vielleicht sogar die entscheidende – Rolle. Egal, was gerade „in" ist und ob uns das gefällt oder nicht: Dunkelblau, Anthrazit sowie Schwarz sind immer noch die Farben, die die höchste Autorität – und damit auch die höchste Kompetenz – ausstrahlen. Menschen bringen ihnen den größten Respekt und das meiste Vertrauen entgegen. Das gilt für den klassischen Anzug genauso wie für die Lederjacke, die Chino oder die Jeans. Nicht zufällig sind selbst bei Primark in Deutschland die dunklen Töne, vor allem Schwarz, die Renner im Abverkauf.

Entscheidend ist immer: In welcher Branche bewegen Sie sich? Mit welchen Hierarchiestufen arbeiten Sie zusammen? Mit welchen Zielgruppen kommunizieren Sie? In welchem Kulturkreis leben Sie? – aber vor allem: Welche Wirkung wollen Sie persönlich in einer bestimmten Situation erzielen?

5.5.1 Und plötzlich wird der Anzug wieder cool…

Im Zuge der Start-up-Gesellschaft ist eine neue Lockerheit angesagt, die zudem mit Bequemlichkeit und Wohlfühlen einhergeht. Doch egal, was kommt und wie lässig und locker alles wird, an der Funktionsweise unseres Unbewussten und der seit Urzeiten in uns angelegten Reaktion auf Situationen und Menschen ändert das gar nichts. So gibt es auch schon wieder Befürworter für Anzug und Krawatte. „Die Krawatte abzumachen, galt als cool. Jetzt ist es cool, wenn man sie korrekt trägt", erklärt Maximilian Mogg, der sich in seinem Maß-Atelier in Berlin der klassischen Herrenmode verschrieben hat. Seine Kunden sind zwischen 25 und 35 Jahre [13], und generell bemerkt die Modebranche einen Anzugtrend. Auch der amerikanische Modedesigner Tommy Hilfiger ist davon überzeugt, dass alles wieder zurückkommt, schätzt die entsprechenden Zyklen auf rund zehn Jahre. Der aktuelle Zyklus mit der legeren Mode habe gerade erst begonnen, sagt er, doch bald wird der Stil wieder strenger, um gegen Ende des Zyklus zum Legeren zurückzukehren. Wichtig sei vor allem, dass die Kleidung richtig sitzt. Auch das ist eine uralte Erfolgsregel.

„Gutes Aussehen ist nicht wichtig, gutes Aussehen bedeutet alles". Mit diesem Zitat von Ben Sherman (1925 bis 1987) wirbt die von ihm gegründete gleichnamige englische Bekleidungsfirma noch heute. Selbstverständlich darf und muss man sogar die Absolutheit dieser Aussage bezweifeln. Im Kern aber stimmt der Satz. Wissenschaftliche Studien bestätigen genauso wie tägliche Erfahrungen im Arbeits- und Privatleben die bereits zitierte Erkenntnis der Hamburger Professorin Sonja Bischoff, nach der die äußere Erscheinung eines Menschen beeinflusst, was wir über ihn denken.

Mit dem Wissen um die Einflussfaktoren auf Ihre Erscheinung sind Sie nicht nur in der Lage selbst zu steuern, was andere Menschen über Sie denken. Indem Sie dieses Wissen ab sofort ganz selbstverständlich anwenden, werden Sie sowohl den alltäglichen als auch den außergewöhnlichen beruflichen Herausforderungen entspannter und überzeugender gegenübertreten – und sie besser bewältigen.

Literatur

1. FAZ, 23. Januar 2018. Nr. 19, Seite D 8
2. Rheinische Post Donnerstag, 8. Dezember 2016 Seite B4 Wirtschaft
3. https://www.destatis.de/DE/PresseService/Presse/Pressemit-teilungen/2018/02/PD18_046_13321.html;jsessionid=99 A6D4FEA47DEDB8F068E0B4572AB813.InternetLive2. Zugegriffen: 11. Apr., 17:31
4. https://de.linkedin.com/pulse/willkommen-im-b%C3%BCro-der-zukunft-birgitta-wallmann und https://office21.de/ueber-das-forschungsprojekt-office-21-projektbeschreibung. Zugegriffen: 11. Apr. 2018, 17:39
5. https://www.bitkom.org/Presse/Presseinformation/Start-ups-Frauen-bewerbt-euch.html. Zugegriffen: 11. Apr. 2018, 17:17
6. http://mccrindle.com.au/the-mccrindle-blog/what-comes-after-generation-z-introducing-generation-alpha. Zugegriffen: 11. Apr. 2018, 17:12 und https://www.wuv.de/marketing/wer_ist_eigentlich_diese_generation_alpha. Zugegriffen: 11. Apr. 2018, 17:14
7. Hurrelmann, K, Albrecht E (2014) Die heimlichen Revolutionäre, Wie die Generation Y unsere Welt ver-ändert. Beltz, Weinheim, S 31

8. TextilWirtschaft, Nr. 13, 20. März 2018, Seite 63
9. https://www.wired.de/collection/life/google-zentrale-london-building-landscraper-groundscraper. Zugegriffen: 11.Apr. 2018, 17:06
10. https://www.berliner-zeitung.de/berlin/neue-zalando-zentrale-viel-mehr-als-nur-ein-buerohaus-29517682. Zugegriffen: 11.Apr. 2018, 17:04.
11. TextilWirtschaft Nr. 09_2018, Seite 31 ff.
12. https://www.capital.de/wirtschaft-politik/new-work-arbeitswelt-homeoffice-work-life-balance-8690. Zugegriffen: 11.Apr. 2018, 17:00
13. TextilWirtschaft, Nr. 48, 30.11. 2017, Seite 63

Printed in the United States
By Bookmasters